《"京科惠农"科技服务平台咨询问答图文精编Ⅳ》编委会

主　　编：罗长寿　孙素芬

副 主 编：郑亚明　栾汝朋

编写人员：（按姓氏笔画排序）

王金娟　王富荣　余　军　陆　阳

泽仁顿珠　孟　鹤　赵瑞芳　曹承忠

魏清风

目 录

第一部分 蔬菜

第二部分　果树

第三部分　粮食作物

前　言

“京科惠农”科技服务平台是北京市农林科学院建设的一个农业科技公益服务平台。平台有一支由百余名具有丰富理论知识与实践经验的农业专家组成的服务团队，服务内容主要包括解答蔬菜、果树、食用菌、粮食作物、畜禽等方面的农业生产问题。平台开通以来，除在北京市进行服务应用外，还立足京津冀地区将服务辐射扩展到全国其他30个省、自治区、直辖市，社会效益及经济效益显著，树立了农业科技咨询的“京科惠农”服务品牌。

在服务过程中，平台积累了大量来自农业生产一线的技术和实践问题，为更好地发挥这些咨询问题对农业生产的指导作用，编者精选了部分图文问题，并在充分尊重专家实际解答的基础上，进行了文字、形式等方面的编辑加工，使解答尽量简洁、通俗、科学、严谨。本书汇集了蔬菜、果树、花卉、粮食作物和畜禽养殖等生产门类的图文问题，希望通过这些精选的问题更好地传播知识，为农业生产提供参考与借鉴，更好地发

挥农业科技的支撑作用。

本书中涉及的农业生产问题的解答，一般是专家对咨询者提出的问题进行的针对性解答，由于农业生产实践的现实性、复杂性，因此，在参考本书中相关解答时，请结合当地的气候、农时和生产实践进行适当调整，不要全盘照搬，避免教条化执行专家解答，这一点请广大读者理解。

本书主要目的是发挥平台的公益性服务作用，通过对农业生产一线遇到的问题进行图文展示，结合专家的详细解答，为用户提供直观的参考。在此，向提供原始图片的平台服务用户表示感谢！其中，个别解答是由专家查阅整理资料而来，未能标注出处，敬请谅解！对参加平台服务的专家以及为本书提供指导的各位专家表示感谢！没有你们的辛勤劳动，就没有本书的成稿、付梓！

本书撰写受到北京市科技计划项目“北京城市科特派资源对接服务平台建设与应用（Z221100006422002）”、北京市农林科学院创新项目“基于大模型的农业多模态信息咨询服务技术研究与应用（KJCX20240314）”等项目资助，特此感谢！

鉴于编者的技术水平有限，书中难免有所纰漏，敬请各位同行和广大读者不吝赐教、批评指正！

编　者

2024 年 8 月

第四部分　花卉

第五部分　土肥

第六部分　食用菌

第七部分 畜牧

第八部分　水产

第一部分
蔬菜

（一）茄果类

1 北京市通州区肖先生问：棚内温度高，中午打开通风口，第二天番茄叶子一片一片干了，是怎么回事？

北京市农林科学院蔬菜研究所 推广研究员 陈春秀答：

番茄叶片干是因为温度高，突然打开风口，叶片失水造成的。

在温度高时，可以利用保温被遮阴，待棚内温度降到28℃以下，再卷起保温被，打开风口，开风口应从小到大。

2 北京市昌平区某用户问：浇完水后，番茄叶片干枯，是什么病，怎么防治？

北京市农林科学院植物保护研究所 副研究员 黄金宝答：

从图片看，是番茄晚疫病。番茄晚疫病是由疫霉菌引起的真菌病害。

最好的防治方法是控制“明水”，即看得见的水，如露水、棚膜滴水、灌溉水、打药喷雾的药水等。

防治番茄晚疫病的药剂有 25% 吡唑醚菌酯（凯润）、50% 烯酰吗啉（安克）、72.2% 普力克水剂或 72% 霜脲·锰锌（克露）可湿性粉剂等，尽量轮换用药；在番茄晚疫病发病初期的晴天上午用药，药后闭棚保温，温度提高 6 ～ 8℃后再放风，一定要从小到大放风，以免闪苗，用药 2 ～ 3 次，间隔期 5 ～ 7 天。

3 北京市延庆区某用户问：番茄上部很多叶片卷曲，是什么病，怎么防治？

北京市农林科学院植物保护研究所 副研究员 黄金宝答：

从图片看，是番茄黄化曲叶病毒病，主要由 Q 型烟粉虱传

播所致。因此，防治该病，主要是防治 Q 型烟粉虱，然后是采用农业防治措施。防治方法如下。

（1）防治 Q 型烟粉虱

① 育苗和定植前清理棚室所有残叶和所有活体植物。

② 高温闷棚 2 ～ 3 天（不低于 46℃）。

③ 黄板诱杀（金盏黄 410 纳米最好）。

④ 60 目防虫网罩风口。

⑤ 释放赤眼蜂。

⑥ 农药防治：啶虫脒、烯啶虫胺、噻虫嗪、灭蝇胺、噻嗪酮（扑虱灵）、蚊蝇醚矿物油等。

（2）农业防治

① 选用耐（抗）病品种：浙杂 3 号、毛粉系列、欧官或欧贝。

② 合理计划播种期，避开烟粉虱生育高峰期。

另外，已经坐住的果实，基本不受该病害影响，可正常生长。

北京市大兴区某用户问：番茄花托处有灰毛，是什么病，怎么防治？

北京市农林科学院植物保护研究所 副研究员 黄金宝答：

从图片看，是番茄灰霉病。防治方法如下。

①用药前，摘除病花、病果、病叶，尽量摘除干净。

②药剂可用速克灵、嘧霉胺、克得灵、吡唑醚菌酯（凯润）、咯菌腈等，应在晴天上午使用，喷完药后，关闭棚室风口，待温度提高 6 ~ 8℃后再放风，应从小往大放，防止闪苗。另外，上述几种药可轮换使用，尽量不混用，7 天左右 1 次，共需 2 ~ 3 次。

5 北京市通州区肖先生问：番茄叶片黄斑是什么病，怎么防治？

北京市农林科学院蔬菜研究所 推广研究员 陈春秀答：

从图片看，是番茄叶霉病。主要是由于棚内湿度大、温度处于 22 ~ 26℃所造成的。补救措施如下。

春季应加强通风，白天温度控制在 25 ～ 28℃，保温被不要盖得过早，棚内温度下降到 17 ～ 18℃再盖保温被。夜间上风口打开 10 ～ 20 厘米。

现在已经发病，可以用露娜森、苯醚甲环唑、拿敌稳、氟唑菌酰胺、腐霉利、腈菌唑、吡唑醚菌酯（凯润）等药剂防治。

6 北京市平谷区某用户问：番茄茎外皮长瘤，叶尖中空，是什么病，怎么防治?

北京市农林科学院植物保护研究所 副研究员 黄金宝答：

从图片看，是番茄溃疡病，其症状是茎中空、茎生不定根和鸟眼果。

番茄溃疡病是国家检疫病害，主要是其种子带毒，带毒率高达 54%。因此，要预防该病，首先不要盲目引种，其次是种子消毒。消毒可用细菌性药液浸泡或温汤浸种等多种方法。

现在已经发病，用细菌性药剂，即含铜制剂或抗生素类药剂，如可杀得、加瑞农、络氨铜、春雷霉素、多抗霉素等防治。

上述几种药可轮换使用，尽量不混用，7 天左右一次，共需 2 ～ 3 次。

北京市通州区肖先生问：番茄果顶部腐烂、变黑，是怎么回事?

北京市农林科学院蔬菜研究所 推广研究员 陈春秀答：

从图片看，是番茄脐腐病。番茄脐腐病初期症状为果实出现水浸状病斑，后期变黑、变干。

主要是因为缺钙造成的，缺钙原因如下。

① 缺水，干旱。

② 品种对钙敏感。

③ 缺钾，也容易造成缺钙现象出现。

④ 温度低、温度高都不利于钙的吸收。

在栽培管理上要注意以上问题，就可以避免脐腐病发生。

8 北京市昌平区网友“美芽北京露天”问：番茄叶片上有不规则的白色线，是怎么回事?

北京市农林科学院植物保护研究所 研究员 李明远答：

从图片看，是番茄斑潜蝇幼虫为害的。可用斑潜净或灭蝇胺等农药防治。如果症状刚出现，可在成虫（小蝇子）出来前，将有虫子的叶片摘掉、销毁。

9 北京市网友“Phoebe 顺义露天”问：这棵小番茄的花需要去掉吗?

北京市农林科学院蔬菜研究所 研究员 张宝海答：

从图片看，番茄植株长势弱，可以把第一穗花全部打掉，第二穗开花时留 2 个果。

10 北京市大兴区网友“鲍先生”问：番茄顶部凹陷是怎么造成的？

北京市农林科学院蔬菜研究所 研究员 张宝海答：

从图片看，是番茄畸形果，与花芽分化时温度等条件不好以及蘸花不当有关。

11 北京市海淀区网友“点儿”问：番茄是得了白粉病吗？怎么防治？

北京市农林科学院数据科学与农业经济研究所 农管家 王金娟答：

从图片看，是番茄白粉病。可用吡唑醚菌酯（凯润）、乙嘧酚、露娜森等药剂防治。

12 北京市海淀区网友“李女士”问：番茄主干头晒伤了，侧枝没事，是留主干还是留侧枝呀？

北京市农林科学院蔬菜研究所 研究员 张宝海答：

把主蔓的茎尖打掉，保留花穗，留侧蔓。

13 北京市昌平区网友“北京－院子－葵葵”问：番茄苗茎基部干掉了，怎么办？

17 北京市怀柔区网友“雷力－严”问：番茄果实上面这个虫子怎么防治？

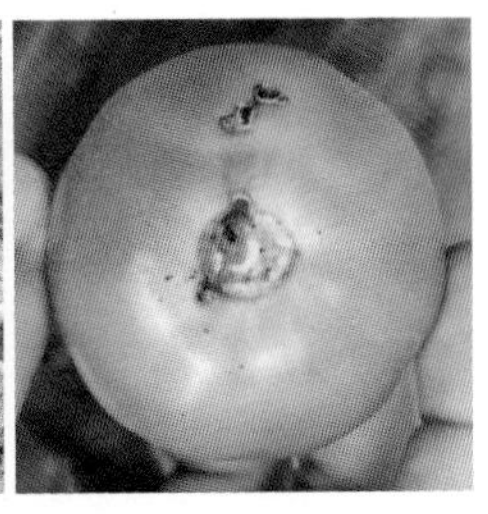

北京市农林科学院植物保护研究所 研究员 石宝才答：

从图片看，这是番茄潜叶蛾，截至目前还没有很好的防治措施，因为虫子钻到叶片里和果实里后，药剂很难接触到虫子。可以试试打阿维菌素或氯虫苯甲酰胺。

18 北京市大兴区网友“鲍先生”问：番茄叶片上有黄斑，是怎么回事？

北京市农林科学院植物保护研究所 副研究员 黄金宝答：

从图片看，可能是番茄叶霉病。叶霉病的症状表现是：叶正面有黄色圆斑，叶背面颜色从淡黄到浓黄，最后变黑褐。

19 北京市海淀区周先生问：番茄果表面坏死，是怎么回事？

北京市农林科学院蔬菜研究所 研究员 张宝海答：

从图片看，是高温下的病毒病发病症状。主要原因是种子带毒或蚜虫传播病毒，加上遇到高温天气，加剧了病毒病的发生。预防要从番茄播种开始，种子需进行温汤浸种，培育无毒苗，种植过程中注意防治蚜虫、粉虱等传毒昆虫。

20 北京市海淀区网友“开花的树”问：番茄植株下部的叶子打掉对果实影响大吗？

北京市农林科学院蔬菜研究所 研究员 张宝海答：

从图片看，农户把番茄下边叶子全部打掉了，这种做法不可取。正常情况下，为了节省营养物质、促进果实发育，番茄植株下部的叶片可以打掉一部分，但不能全部打掉。在夏季天气热、光照过强的情况下，保留一部分叶片可以遮挡阳光、降低植株的温度。同时，植株叶片有助于增加植株周围小环境的湿度，对果实发育有利。目前这种情况，应在高温强光的时候，在棚室上方拉遮阴网，降低强光对植株的伤害。

21 北京市朝阳区网友“niuniu”问：番茄之前坐了果，目前开花越来越多，不见坐果，该怎么办？

北京市农林科学院蔬菜研究所 研究员 张宝海答：

从图片看，番茄植株看着比较正常。坐不住果，应当和夏季高温有关。阳台种植对小环境的要求很高，要避免植物长时间处于33℃以上的高温，番茄坐果才能比较顺利。应当在中午阳光直射、温度高的时候，把番茄种植盆移到室内，或者对其进行遮阴，创造有利于番茄坐果的外部条件。此外，可以选择用防落素等激素蘸花的方式促进番茄结果。

22 浙江省网友“杭”问：阳台种植小番茄为什么只开花不结果？

北京市农林科学院蔬菜研究所 研究员 张宝海答：

从图片看，番茄光照不足，温度高，因此叶片小、茎细、节间长。夏季气候条件下，阳台直射光被上面的楼层遮住，番茄接收的光照少，不利于其生长发育。等到9月阳光斜射，光照进来更多，可能会好一些。可以把番茄下边的叶打掉，把秧子落下来，盆里再加些基质，把落下来的茎埋上，然后加强管理，促进植株从营养生长向生殖生长转变，促进开花结果。

23 山东省青岛市网友"莫离"问：番茄茎上有小黑点，叶子慢慢干枯掉，整个秆子慢慢变黑，是怎么回事？

北京市农林科学院植物保护研究所 副研究员 黄金宝答：

从图片看，可能是番茄晚疫病。番茄晚疫病是由疫霉菌引起的真菌病害。防治上应当控制"明水"，即看得见的水，如露水、棚膜滴水、灌溉水、打药喷雾的药水等。"明水"有利于病菌的繁殖和侵入，造成植株发病。

防治番茄晚疫病的药剂有：25%吡唑醚菌酯（凯润）、50%烯酰吗啉（安克）、72.2%普力克水剂或72%霜脲·锰锌（克露）可湿性粉剂等，尽量轮换用药；在番茄晚疫病发病初期的晴天上午用药，药后闭棚保温，温度提高 6 ～ 8℃后再放风，一定要从小到大放风，以免闪苗，用药 2 ～ 3 次，间隔期 5 ～ 7 天。

24 广西壮族自治区用户“小五”问：番茄秆发黑，从底部黑到头，是怎么回事？

北京市农林科学院植物保护研究所 研究员 李明远答：

从图片看，番茄像是发生了条斑病毒病，随着高温到来还会严重。目前该病没有特效药，打吗啉胍 · 乙铜可以缓解症状，但并不能完全治好。建议把发病的番茄植株拔除，带出园外销毁。从生产上的情况看，春露地茬口的番茄容易得此病，因此，该茬口最好种植抗条斑病毒的番茄品种。

25 北京市东城区网友“Thomas”问：学生科学种植试验的矮番茄叶子出现异常，是什么问题？

北京市农林科学院蔬菜研究所 推广研究员 陈春秀答：

从图片看，番茄叶边缘出现枯死现象，其他问题不大。叶片边缘枯死是由短时间高温造成的，夏季温度高，阳台见光时间短，会使盆栽的番茄长势弱。除此之外，叶子上还有椭圆形黄斑，像叶霉病。家庭盆栽番茄最好不要打药，建议多通风，提高植株抗病性。

26 福建省厦门市网友“Shanks”问：番茄的叶子很脏，是什么问题？

北京市农林科学院植物保护研究所 副研究员 黄金宝答：

从图片看，可能是煤污病，是由蚜虫或粉虱等昆虫分泌物污染所致。因此，防治该病应当从防治蚜虫或粉虱等害虫入手。防治以后，害虫的基数降低，植株的症状就会减轻。虫子少了，分泌物就少，植株生长环境得到改善，叶片就会逐渐变得干净了。此外，要控制浇水，降低环境湿度，提高植株抗性，以降低煤污病发生的概率。

27 北京市某网友问：水果小番茄结了 4 层果以后，还在疯狂开花和长侧枝，这种以后会不会长势变弱？

北京市农林科学院蔬菜研究所 研究员 张宝海答：

水果番茄条件合适，水肥充足，无限生长。

28 湖南省某网友问：番茄苗新叶都卷卷的，看网上说是氮肥多了，怎么解决？

北京市农林科学院数据科学与农业经济研究所 农管家 王金娟答：

从图片看，番茄是病毒病，建议拔掉，以免影响其他植株。

29 北京市某网友问：番茄叶子很小、发黄、向上卷，是怎么回事？

北京市农林科学院数据科学与农业经济研究所 农管家 王金娟答：

从图片看，番茄是黄化曲叶病毒病，赶紧拔掉，以免影响其他植株。

30 北京市某网友问：番茄一到快红的时候就长虫腐烂是怎么回事？这种情况能挽救吗？应该怎么办？

北京市农林科学院数据科学与农业经济研究所 农管家 王金娟答：

从图片看，番茄是棉铃虫为害的。可以喷洒高效低毒农药，如棉铃虫核型多角体病毒、氯虫苯甲酰胺等。

31 北京市海淀区网友“PETTER”问：番茄苗是不是徒长了，刚放倒没几天，又长起来了，怎么办？

北京市农林科学院蔬菜研究所 推广研究员 陈春秀答：

从图片看，没有徒长现象，看起来番茄是得了黄化曲叶病毒病，可能是苗期就感染了。检查是否有烟粉虱，如果有，挂黄板诱杀，控制其为害程度。前期徒长是因为温度高、昼夜温差小、光照不足。要通风透光，白天保持在 25 ～ 28℃，夜间在 12 ～ 15℃，就不会徒长了。

32 北京市某网友问：番茄卷叶了怎么办？

北京市农林科学院蔬菜研究所 研究员 张宝海答：

是夏季强光、干热气候下的生理现象，普遍发生。强光、干热时进行遮阴。

33 湖北省网友“武汉四季美 – 良哥”问：番茄青枯病的发病原因和防治方法？

北京市农林科学院蔬菜研究所 推广研究员 陈春秀答：

主要原因如下。

（1）微酸性土壤有利于青枯病的发生。

（2）整地不平，造成积水。

（3）重茬。

（4）种苗带有青枯病菌。

防治办法如下。

（1）微碱性土壤可抑制青枯菌的生长，整地作畦时，每亩地（1亩≈667平方米，全书同）撒消石灰50～100千克，然后翻耙地面，调整酸性土质为微碱性，抑制病菌生长，以减轻其为害程度。

（2）培育无病苗，苗壮又不伤根，可抗御病菌侵袭。

（3）整地要平整，最好采用小高畦种植。

（4）用滴管进行浇水施肥。

（5）一旦发现有青枯病病株，尽早拔除，用可杀得等药剂进行防治。

北京市密云区网友“自由飞翔”问：柿子椒内部长了虫子，该怎么办?

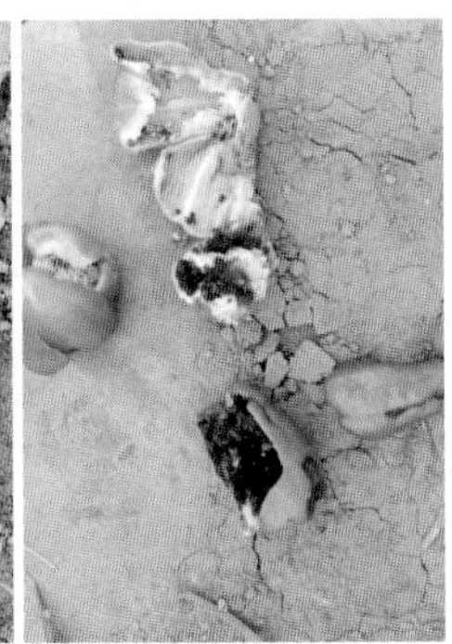

北京市农林科学院植物保护研究所 研究员 石宝才答：

从图片看，辣椒内部的虫子已经发育成熟化蛹了，所以没有看到虫子。这种一般是烟青虫为害的，需要在虫子低龄、没有进入果实前喷药防治，使用吡虫啉、阿维菌素、溴氰菊酯等杀虫剂均可。在种植过程中要注意观察辣椒病虫害的发生情况，发现虫子要及早防治，如果虫子已经进入果实，靠喷药效果很差。

35 北京市网友"香菜"问：辣椒叶子有点萎缩了怎么办?

北京市农林科学院蔬菜研究所 研究员 张宝海答：

辣椒不喜欢高温、强光、干热，辣椒在天气炎热之前必须封垄，比如北京的 6 月之前，否则生长不良，主要还是不适合干热时的气候。

36 北京市海淀区用户“fish”问：辣椒顶部叶片发皱，是怎么回事？

北京市农林科学院蔬菜研究所 推广研究员 陈春秀答：

从图片看，辣椒叶片，特别是新叶发生皱缩，而且没有明显的虫害痕迹。一般情况下，如果没有虫害发生，辣椒新叶皱缩是缺钙的表现。可以采取小水勤浇、补充钙肥的方式进行缓解。

37 广东省网友“靠谱女青年 TY”问：辣椒叶子很肥，但不开花，正常吗？

北京市农林科学院蔬菜研究所 研究员 张宝海答：

从图片看，辣椒苗子是因为光照不足造成的。早晚的时候可以把花盆放到日光下，使植株可以受到阳光直射。注意，夏季高温的时候辣椒要躲开阳光直射。目前看，门椒的花没有坐住果，可能是营养不足。花盆里的基质有点少，可以再加一些。基质越多，给植株的缓冲性越大，管理上就容易一些，辣椒会长得更好。

38 北京市网友"晓莉"问：好多辣椒得了脐腐病，已经补钙了，还是没有好转，怎么办？

北京市农林科学院蔬菜研究所 研究员 张宝海答：

从图片看，辣椒除了得了脐腐病，很大一部分是由于日灼造成的脐部问题。因此，近期应控制辣椒避免强光、高温的环境。应当看天气浇水，在早晨和上午浇水为好。晴天温度高的时候要及时给辣椒补水，晚上则注意控水，使植株不缺水就可以了。如果是遇到高温烘烤，要尽量避免植株暴露在直射光下，以免造成日灼伤。植株可以在上午9时前、下午5时后见光，其余时间应当放在阴处。

39 湖北省网友“武汉四季美－良哥”问：辣椒是得了茎基腐病吗？

北京市农林科学院植物保护研究所 研究员 李明远答：

从图片看，辣椒不一定是茎基腐病。可以找一根新鲜黄瓜，进行表面消毒后，用消毒的解剖刀，在上面扎一个伤口，在生病的辣椒植株茎基部取下一小条，塞在黄瓜的伤口里。然后保湿 4～5 天。如果塞入辣椒组织的地方凹陷了，就是辣椒疫病；如果塞入辣椒组织的地方鼓起来了，就是根腐病。

40 北京市网友“Phoebe 顺义露天”问：被霜打过的茄子和辣椒，主干不太好，侧枝好像还是绿的，还能活吗？

北京市农林科学院蔬菜研究所 研究员 张宝海答：

从图片看，茄子侧芽还可以继续长，把被霜打坏的部分剪掉。辣椒主茎好的也可以生出芽来，太严重的就拔了重栽吧。

41 湖北省网友“武汉四季美－良哥问：辣椒表面发黑紫色是怎么回事？是疫病吗？

北京市农林科学院蔬菜研究所 研究员 张宝海答：

从图片看，不是辣椒疫病，或许是冷害引起的，果实表面像是色素，是一种冷害后的反应。如果有症状的辣椒不多，不用管它。

42 北京市网友“溪染冷冷”问：辣椒根部长白霉，传染，苗陆陆续续死亡，是什么病，怎么防治？

北京市农林科学院植物保护研究所 研究员 李明远答：

从图片看，辣椒是得了疫病。防治辣椒疫病应采取以农业措施为主的综合措施来防治，包括以下方法。

①种子处理。用55℃温水浸种；用高锰酸钾500倍液浸种30分钟，洗净后催芽；也可用种子重量0.3%的72.2%普力克水剂或0.3%的69%安克·锰锌可湿性粉剂拌种。

②及时清除病残。将田间植株及病残体带出田外烧毁或沤肥，以减少田间侵染源。

③实行与茄科以外作物的轮作，最好是水旱轮作。在炎热的夏季，灌水泡田7～10天，利用阳光使水温升高，起到杀灭疫病孢子囊及卵孢子的目的。

④培育无病苗。育苗最好使用穴盘育苗。如无条件，尽量使用新的无病土、大田土育苗。育苗前旧床土要用甲霜灵锰锌等防治卵菌的药剂进行泼浇消毒。

⑤采取短扇高垄地膜栽培，增加早期土温，促进发根，适时灌溉。宜采用滴灌或小水浇灌，严禁大水漫灌，更要避免大水淹根。保护地栽培使用无滴膜，减少棚内水滴产生。

⑥肥料以充分腐熟的有机肥为主，氮、磷、钾肥要合理搭配，苗期宜少施氮肥，开花结果期适当增加施肥量。利用休耕阶段让土壤暴晒，以减少线虫的为害。

⑦药剂防治。发病初期（即出现发病中心时）开始喷药，每亩每次用65.5%普力克水剂稀释成600～900倍液，间隔7～10天喷药1次，连续喷4次以上。此外每亩还可用58%甲霜灵锰锌可湿性粉剂80克，或用72.2%霜脲·锰锌（克露）可湿性

粉剂 80 克，兑水 50 千克进行喷雾防治。在常年发病的田块，土温在 25℃左右时，在雨前或灌溉前进行预防。喷药时茎基部要多喷，让药液顺茎秆流到根基部，同时植株周围的土壤和地膜上也必须喷洒到。辣椒疫病菌易产生抗药性，在防治时应交替使用不同品种农药。

43 北京市网友“藏”问：柿子椒这是怎么了？在阳光棚里种的，刚开始结果实就这样了。叶子背后有非常小的小虫还有稍大一点的白虫。

北京市农林科学院蔬菜研究所 研究员 张宝海答：

辣椒不喜欢光照太强，温度既不能过高也不能过低，超出它适合的生长条件太多，生长就会出问题。首先了解植物需要的条件，然后再满足它，植物长得就好。茶黄螨肉眼看不到，

症状在新叶上，叶片变小、变厚，白色的小蛾子是白粉虱，夏秋季非常多，不好防。光照强、温度高的时候，适当遮阴，浇水要及时合理。好像也有红蜘蛛，仔细看叶背面，有没有爬动的小虫。

44 北京市通州区某用户问：甜椒茎基部黑褐色，是什么病，怎么防治？

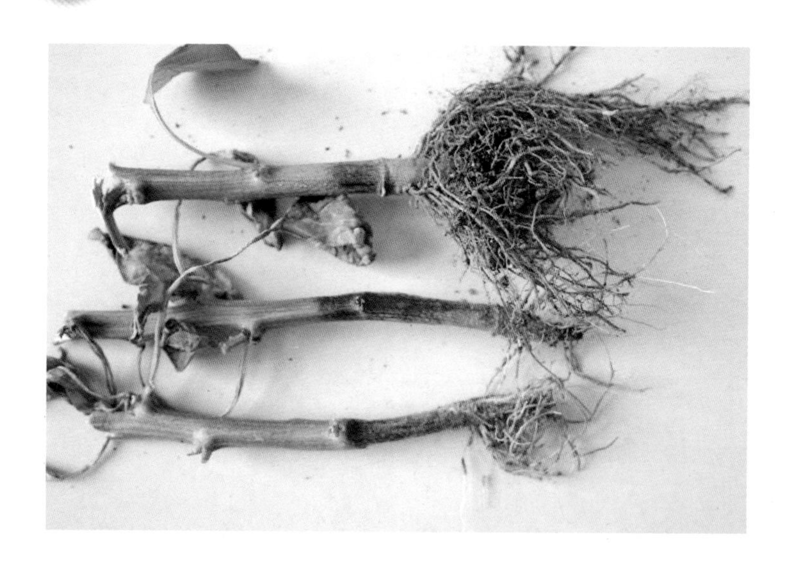

北京市农林科学院植物保护研究所 副研究员 黄金宝答：

从图片看，像甜椒疫病。防治该病，应在晴天上午，用72%普力克水剂1 000～1 500倍液喷雾防治，一定要全株防治。如是设施栽培，可在喷完药后关闭风口，待棚室温度提高6～8℃后再放风，注意放风一定要从小到大放，以防闪苗。5～7天后，再喷1次，共需2～3次。

45 北京市密云区武先生问：辣椒苗叶片失绿，是怎么回事？

北京市农林科学院蔬菜研究所 推广研究员 陈春秀答：

从图片看，辣椒苗主要失绿的叶片在下部，是由于一次性浇水过多，引起根部持水，新根发育不好，吸收养分能力差。

补救措施：见湿见干，补充叶面肥。

46 山东省网友“向前看”问：茄子叶片有褐色斑，是怎么回事？

北京市农林科学院植物保护研究所 副研究员 黄金宝答：

从图片看，病斑症状不明显，是真菌性病害，具体病害名称不好判断。防治可用广谱性真菌药剂，如代森锰锌、吡唑醚菌酯（凯润）、普力克等药剂。尽量不要混用，而是轮换用药，以减缓病菌抗药性的产生。待病害症状明显，可判断出具体病害，再用相应的药剂防治。

47 广西壮族自治区某网友问：茄子是怎么了？

北京市农林科学院数据科学与农业经济研究所 农管家 王金娟答：

从图片看，茄子像是太阳灼烤的，可以在中午的时候挪一下地方，上午和下午还是要见太阳。

48 北京市延庆区某用户问：茄子下部叶片上有很多小白点，是怎么回事？

北京市农林科学院植物保护研究所 副研究员 黄金宝答：

从图片看，是茄子蓟马为害的。防治蓟马，可用菜喜、艾绿士等杀虫剂防治 3 ～ 4 次，间隔期 7 ～ 10 天。

（二）瓜　类

49 北京市顺义区李先生问：黄瓜苗打药后，叶片干了，怎么办?

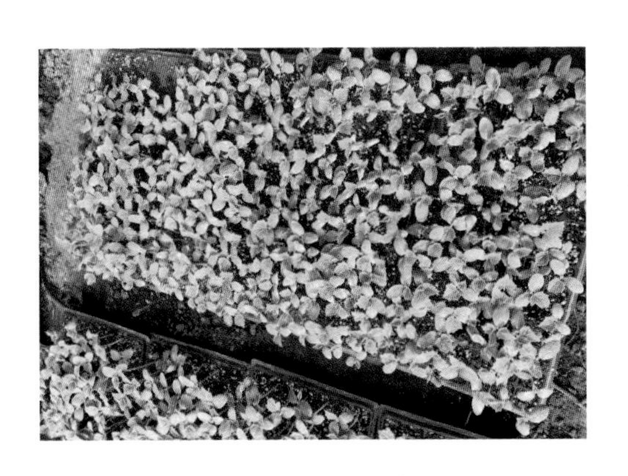

北京市农林科学院蔬菜研究所 推广研究员 陈春秀答：

从图片看，黄瓜苗是受药害了，主要是由于药剂浓度过高或在温室内温度高的时间段打药。现在只有浇水，等心叶长出后，喷点叶面肥，促进生长。

50 北京市昌平区某用户问：黄瓜叶片背面有水渍状角斑，是什么病，怎么防治?

北京市农林科学院植物保护研究所 副研究员 黄金宝答：

从图片看，是黄瓜霜霉病。防治黄瓜霜霉病，应加强棚室管理，尽量减少“明水”产生；可用烯酰吗啉、霜脲·锰锌（克露）、普力克、吡唑醚菌酯（凯润）等药剂防治；一定要在晴天上午打药，打药后棚室温度提高6～8℃后再放风，应从小往大放，防止闪苗。另外，上述几种药可轮换使用，尽量不混用，以减缓病菌抗药性的产生；7天左右1次，共需2～3次。

51 北京市海淀区网友“石中剑＋海淀”问：大棚黄瓜叶片都干了，是怎么回事?

北京市农林科学院蔬菜研究所 研究员 张宝海答：

从图片看，黄瓜根系或茎出现了问题，可以把根拔出来仔细看看。

52 上海市网友“上海”问：黄瓜只开花不“长个”，连个藤都没有，怎么办？

北京市农林科学院蔬菜研究所 推广研究员 陈春秀答：

从图片看，黄瓜苗确实没有生长点，以下原因可对照查找。

①种子是否是当年的，不是新种子就会影响生长点的发育。

②播种的土壤是从哪里取的，是否用过除草剂。

③播种时的温度是否过高，超过35℃。

建议每个盆只留2株瓜苗，现在没有生长点，只能留侧枝。

53 北京市大兴区网友“coco 可”问：黄瓜的叶子有黄斑，是什么病？

北京市农林科学院蔬菜研究所 推广研究员 陈春秀答：

从图片看，初步判断有霜霉病和细菌性角斑病。不光病害，还有花打顶现象。可能由于温度低、湿度大，造成病害严重，而且导致出现花打顶现象。应尽快把病叶打掉，进行药剂防治，然后追肥浇水，通风透气。如果是北京露地种植，10 月温度太低了，不适合黄瓜生长。

54 江苏省网友“晓莉”问：水果黄瓜下面枝叶较稠密，需要打杈吗？

北京市农林科学院蔬菜研究所 研究员 张宝海答：

从图片看，水果黄瓜植株生长正常，下部枝叶略显稠密。如果植株旁边还有空间，可以再吊一条蔓引过去，2 条蔓都可以结瓜。如果没有空间了，就可以把这个分枝打掉，甚至考虑把侧枝都打掉，就是见杈就打，以提高植株通风透光。目前的情况看，打杈有点晚了，可以把下边离地近的小老叶打掉。

55 北京市门头沟区网友“守护者”问：黄瓜结瓜后去掉了副蔓，叶子越来越干黄，如何补救?

北京市农林科学院蔬菜研究所 研究员 张宝海答：

从图片看，黄瓜秧子已经发生早衰，如果没施肥就是脱肥了，还需要注意观察叶片是否有红蜘蛛等病虫害的发生。解决办法如下。

可以施一些高氮、速溶、速效的复合肥，高温、干热天气避光或遮阴，等待侧枝出来，尽快收获果实，侧枝出来的小瓜也可以先不要，多留几个侧枝也可以，下边的干叶打掉。

如果发现有红蜘蛛或其他病虫害，鉴于是庭院种植，已经结过一茬瓜了，可以拉秧。高温、干热对黄瓜生长不利，可以重新播种耐热的旱黄瓜品种。

56 辽宁省网友“哈哈”问：黄瓜叶这样是怎么了？

北京市农林科学院植物保护研究所 副研究员 黄金宝答：

从图片看，黄瓜至少发生了3种病害，真菌性病害的霜霉病、靶斑病，以及细菌性病害的角斑病。

防治细菌性病害的药剂是抗生素类（多抗霉素、春雷霉素等）和含铜制剂药（可杀得、王铜等）；黄瓜霜霉病药剂可用烯酰吗啉、霜脲·锰锌（克露）、普力克、吡唑醚菌酯（凯润）等药剂防治；防治黄瓜靶斑病药剂可选用氟硅唑、苯醚甲环唑、吡唑醚菌酯（凯润）或阿米西达类真菌性药剂，并配以含铜制剂或抗生素类细菌性药剂。

注意，在用药时，可选择 3 种病共用药剂。此外，针对不同药剂，看药剂说明中的酸碱性，在能混用的情况下，可以防治 3 ～ 4 次，每次间隔期 5 ～ 7 天。为减缓病菌抗药性产生，可轮换使用不同类型的药剂或使用复配药剂进行防治。

57 浙江省某网友问：黄瓜怎么突然黄叶、叶子烂了？

北京市农林科学院植物保护研究所 研究员 李明远答：

黄瓜都是老叶有问题。衰老了，一些腐生菌引起腐烂，建议打掉。

58 陕西省某网友问：黄瓜叶片发黄，叶边缘黄色是怎么回事?

北京市农林科学院植物保护研究所 副研究员 黄金宝答：

黄瓜叶片边缘黄色（干枯）和叶片发黄，是温度高或肥熏、药害等生理原因造成的。

59 浙江省网友“廿陆”问：西瓜苗是要死了吗?

北京市农林科学院蔬菜研究所 研究员 张宝海答：

从图片看，西瓜苗没有死，后期要加强光照、温度管理，浇水不要太频繁，天气暖和后会恢复生长。

60 北京市顺义区网友“悦茗～顺义”问：除了坐果之后标记的办法，有没有别的能判断西瓜成熟的办法？

北京市农林科学院蔬菜研究所 推广研究员 陈春秀答：

判断西瓜是否成熟的方法，主要有以下几种。

（1）外观观察法

西瓜果实外观周正，皮色光润，靓丽，纹路清晰，手摸上去光滑，基本可以判定是成熟的瓜。此外，瓜把茸毛脱去，瓜把变细，西瓜接近成熟。小西瓜，特别是吊蔓种植小西瓜瓜把基本不凹陷，所以不能用瓜把凹陷的方法判断成熟与否，应注意区分。

（2）拍打法

把西瓜托起，用手掌轻轻拍打，感觉有颤动，而不是发硬的感觉，表示西瓜已经成熟。

（3）听声音辨别法

托起西瓜用手指稍微弹，听声音的差别。如果发出的声音是“当当当”，很清脆，表示西瓜还没成熟；反之，声音是低沉的“噗噗噗”，感觉有回声，则表示西瓜成熟了。

61 四川省网友“嘿等一下”问：小西瓜是不是没有授粉成功？这个样子的已经有五六个了，再过几天就掉了。

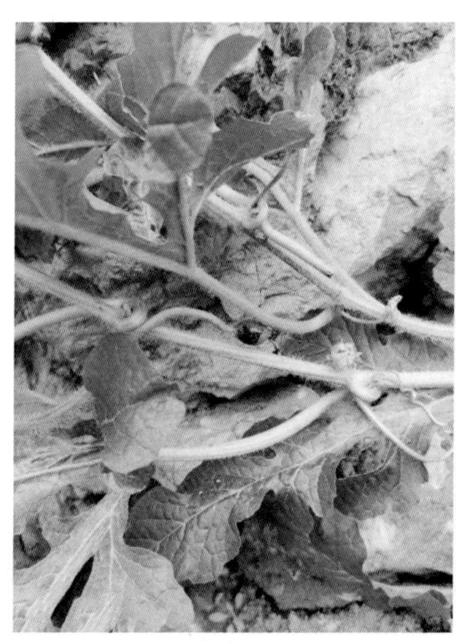

北京市农林科学院蔬菜研究所 推广研究员 陈春秀答：

从图片看，小西瓜授粉没有成功。原因如下。

① 授粉时间没掌握好。高温天气情况下，授粉时间应该在每天早上 6—8 时授粉。

② 长势情况。如果长势旺，即便授粉也会出现化瓜现象，可以在授粉瓜前一个节间处用手把茎捏劈，这样营养就会到果实上，促进坐果。

③ 未及时打掉侧枝。特别是坐果前后的侧枝及时打掉，促进坐果。

④ 浇水不当。授粉到果坐住期间尽量不要浇水，当瓜长到鸭蛋大小再浇水。

福建省网友“Shanks- 厦门”问：西瓜叶子背面有黑色的小点，是怎么回事？

北京市农林科学院植物保护研究所 副研究员 黄金宝答：

看照片西瓜叶片背后的小黑点不像是虫子，也不像是传染性病害，可能是植株生长弱加上高温造成的生理病害。现在可打掉老、干、弱叶，加强肥水管理，度过高温时段就好了。

63 北京市网友“雪”问：西瓜这个样子能收了吗？

北京市农林科学院蔬菜研究所 推广研究员 陈春秀答：

瓜把靠近瓜的地方茸毛还比较多，再过几天，待茸毛变得稍稀疏些再收。最简便的方法是记住什么时候授的粉，大约 30 天后收获，就有十分把握了。

64 上海市某网友问：西瓜叶片发黄是怎么回事？

北京市农林科学院数据科学与农业经济研究所 农管家 王金娟答：

从图片看，是红蜘蛛为害造成的，用水冲冲，或者喷 0.1% 的洗衣粉水。

65 四川省某网友问：西瓜长虫怎么预防？

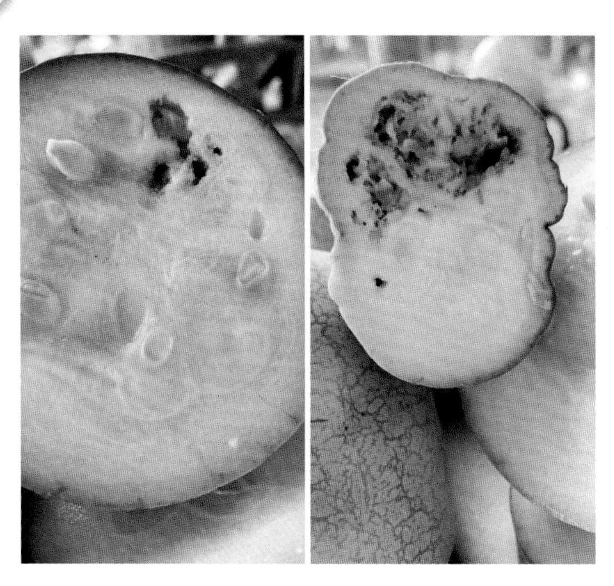

北京市农林科学院蔬菜研究所 推广研究员 陈春秀答：

西瓜里面有虫子是因为在西瓜开花的时候，成虫在西瓜花上产卵，经过孵化，幼虫从西瓜柱头进入西瓜内部，虫龄不断增长。要想防治虫害，就要选择在害虫产卵期进行药剂防治。在西瓜开花时，用高效溴氰菊酯等药剂防治，也可以用杀虫灯诱杀成虫。

66 四川省某网友问：西瓜根部是得了什么病，怎么防治？

北京市农林科学院数据科学与农业经济研究所 农管家 王金娟答：

从图片看，西瓜得了根结线虫病，以后再种什么都会传染上根结线虫病。一定在种下一茬之前进行土壤消毒。可以用氯化苦、噻唑膦等药剂进行消毒。建议消毒后，可以种抗线虫番茄或辣椒品种。

67 山东省网友“泓焱”问：甜瓜根上面是根瘤还是线虫，对种下茬辣椒有影响吗？

北京市农林科学院植物保护研究所 研究员 李明远答：

从图片看，是发生了甜瓜根结线虫病。不过目前甜瓜该收了，不建议防治。种辣椒前可以进行高温闷棚处理。

首先日光温室在茬口安排上要留出土壤消毒的3周时间，此间需要上市的蔬菜可种在冷棚里。一般高温闷棚的时间应当在5月下旬到7月中旬比较合适。因为这段时间少雨、晴天比较多、气温较高，有时日光温室的气温可达70℃以上，30厘米深的土温可达50℃以上，并可保持2～3小时。具体的做法如下。

①清茬：将上茬的残枝、败叶、根系尽可能地清理干净。

②浇水：这水不可太大，便于翻耕即可。

③翻耕并撒上酿热物：一般每亩撒匀麦秸（或稻草）段500千克，消石灰100千克。

④做垄：一般垄距80～100厘米，高50厘米左右。

⑤盖膜：一般地膜即可（透光要好），横扣在大垄上，扣严，尽量少漏气。

⑥在垄沟内灌大水。

⑦将日光温室的棚膜放下，堵严上下风口及后墙的通风孔，实行闷棚。

⑧闷棚的时间一般为1～2周（其间保证有3～5天是晴天）。如能有棚室气温记录，最好保持70℃ 4～5小时。

68 山东省网友“泓焱”问：甜瓜茎部开裂、流水，是什么病，怎么防治？

北京市农林科学院蔬菜研究所 推广研究员 陈春秀
北京市农林科学院植物保护研究所 研究员 李明远答：

从图片看，是甜瓜枯萎病。防治措施如下。

①使用药剂灌根。一般使用50%多菌灵可湿性粉剂500倍液，每株100～200毫升，可将药装在喷雾器中，去掉喷头，对准根茎部施药。

②50%多菌灵可湿性粉剂50倍液加面粉调成糊状，涂在病部。

③及时清除病株，销毁或深埋，避免扩大蔓延。

④实行3年以上的非瓜类作物的轮作。

69 北京市网友“房山徐凯”问：丝瓜出现死棵的现象，怎么回事？

北京市农林科学院蔬菜研究所 研究员 张宝海答：

从图片看，应该是沤根引起的。这么长的畦，还是大水漫灌，难免浇水不匀，如果根茎部正赶上低洼积水，不沤根也容易引起病害。高畦种植应该用滴灌更好一些，这个大宽畦用大水漫灌的方式，浪费了好多水。

70 北京市海淀区某用户问：南瓜果柄处长了白霉状物，是什么病，怎么办？

北京市农林科学院蔬菜研究所 推广研究员 陈春秀答：

从图片看，南瓜主要是菌核病。南瓜开花授粉坐住果后，花谢了就要及时把花去掉，以免因为花湿度大引起菌核病的发生。

71 北京市东城区网友“山鬼”问：南瓜为啥长着长着，自己就枯萎、烂掉了？

北京市农林科学院蔬菜研究所 推广研究员 陈春秀答：

从图片看，南瓜发生了化瓜。一般情况下，南瓜坐果与授粉成功与否有关。正常情况下，授粉成功后营养充足，南瓜就能顺利坐果。如果授粉不成功，肯定坐不住果。此外，授粉后，还要保证瓜的营养供应，所以需要注意对瓜蔓进行整枝。如果结瓜枝上有侧枝，就会影响瓜的营养供应，南瓜容易化掉。因此，南瓜结果后，要及时去掉附近的侧枝。

72 河北省衡水市网友“亲亲宝贝”问：露地种的贝贝南瓜留了两个子蔓，坐住两个果后就总化瓜，叶子小，是怎么回事？

北京市农林科学院蔬菜研究所 推广研究员 陈春秀答：

贝贝南瓜结瓜过程中，只有在相同时间段内授粉的瓜，才能同时坐住，如果超过这个时间跨度，先授粉的瓜正在膨大期，后面再有雌花授粉，瓜即使结出来，也会发生化瓜，属于品种的特性。因此，生产上要注意控制留瓜的时间和部位。

另外，植株上部叶片变小，说明植株受到了外界胁迫。如果没有病害发生，那就是缺水的表现，应当及时进行浇水。

73 北京市海淀区某用户问：冬瓜催芽有什么小妙招？

北京市农林科学院蔬菜研究所 研究员 张宝海答：

购买优质种子，利用高温烫种或温汤浸种，浸种时间 24 ～ 36 小时，浸种后风干半小时再催芽，催芽温度 30℃。也可以用把籽出芽的一端磕开的办法，或者用剪刀剪掉一点的办法。可以先少量尝试一下，再大量应用。

（三）其他蔬菜

74 北京市网友“Z百草园和三味书屋”问：白菜是被什么虫子吃的，怎么防治？

北京市农林科学院植物保护研究所 研究员 石宝才答：

从图片看，像是跳甲虫吃的，可以喷点跳甲净进行防治。

75 湖北省网友“BOBBIII”问：奶油小白菜的叶子都已经比较大了，还是有很多毛刺是怎么回事？

北京市农林科学院蔬菜研究所 研究员 张宝海答：

从图片看，这个是小白菜，不是奶白菜或快菜，奶白菜和快菜叶上基本没有刺。

76 北京市房山区李先生问：白菜是什么病，用什么药，怎么防治?

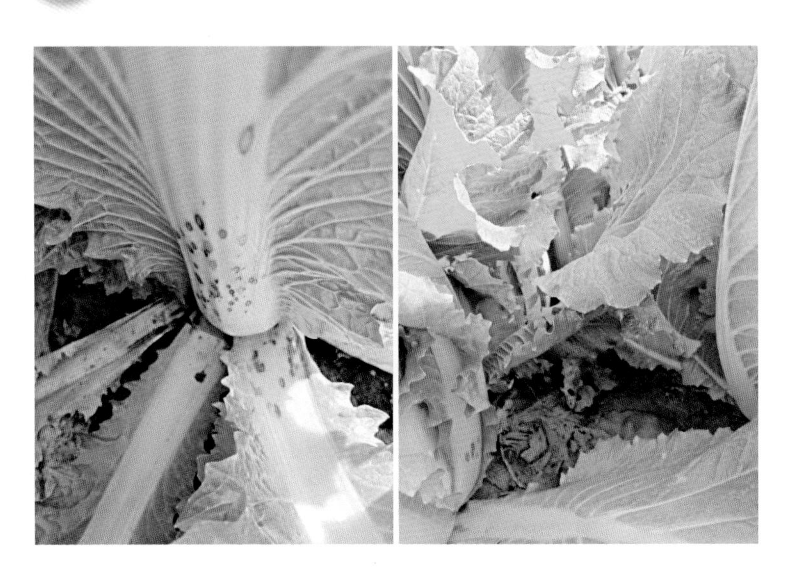

北京市农林科学院植物保护研究所 副研究员 黄金宝答：

从图片看，是黑斑病，属真菌性病害。可用代森锰锌、扑海因或吡唑醚菌酯（凯润）等药防治2～3次，间隔期7天左右。上述药剂可轮换使用，尽量不要混用，以减缓病菌抗药性的产生。

77 北京市平谷区某用户问：芹菜叶尖上有灰毛，是什么病，怎么防治?

北京市农林科学院植物保护研究所 副研究员 黄金宝答：

从图片看，是芹菜灰霉病。防治该病，可用啶酰菌胺、速克灵、嘧霉胺、克得灵或适乐时等。打药应在晴天上午进行，喷完药后，关闭风口，待棚室温度提高 6 ～ 8℃后再放风，应从小往大放，防止闪苗。另外，上述几种药可轮换使用，尽量不混用，7 天左右一次，使用 2 ～ 3 次。

78 山西省网友“玉竹·雅风”问：香菜叶片上的白点是怎么回事？没看到虫也没有蜘蛛网，摸也没有粉，要怎么处理？

北京市农林科学院植物保护研究所 副研究员 黄金宝答：

从图片看，香菜叶片上的小白点，可能是红蜘蛛或蓟马为害的，这些虫都很小，不仔细看是看不到的。只从图片上看，不能确定到底是哪种虫为害所致的。红蜘蛛可用阿维菌素、爱卡螨、乙唑螨腈防治，蓟马可用菜喜、艾绿士等药防治。综合考虑，可将防治两种虫的药混合后兼治，但需留意使用药剂注意事项中的酸碱性，决定能否混用。可以防治 2 ～ 3 次，间隔期 5 ～ 7 天。

79 北京市丰台区网友“道法自然”问：紫快菜抽薹，是怎么回事?

北京市农林科学院蔬菜研究所 研究员 张宝海答：

紫快菜冬性弱，种子萌动后，就会受低温影响，温度越低、生长条件越恶劣或密度过大则越长越容易抽薹。可以种植耐抽薹的快菜，或天气暖和后再种植。

80 北京市网友“王思远”问：种在盐碱地上的西蓝花根黑化干枯了，怎么办？

北京市农林科学院蔬菜研究所 研究员 张宝海答：

从图片看，根茎部干枯是因为发生了病害，现在没有办法了。也许是种苗带病造成的，以后选择无病种苗，用高畦栽培，可以避免病害发生。

81 北京市海淀区网友“粉粉”问：紫油菜长着长着就褪色，正常吗？

北京市农林科学院蔬菜研究所 推广研究员 陈春秀答：

紫油菜褪色是正常的。紫油菜的紫色在生长过程中受光照影响，光照充足时，叶子就会呈紫色，弱光、温度高，就会褪色。

82 陕西省网友“素月若歌”问：卷心莴苣（生菜）不卷心，是怎么回事？

北京市农林科学院蔬菜研究所 研究员 张宝海答：

高温下不适合生长，尤其高夜温，易造成拔节抽薹。种植季节不对。

83 广西壮族自治区网友“喵叔”问：莴苣（生菜）的菜心叶边缘有点黑边，感觉像烧焦的样子，是怎么回事？

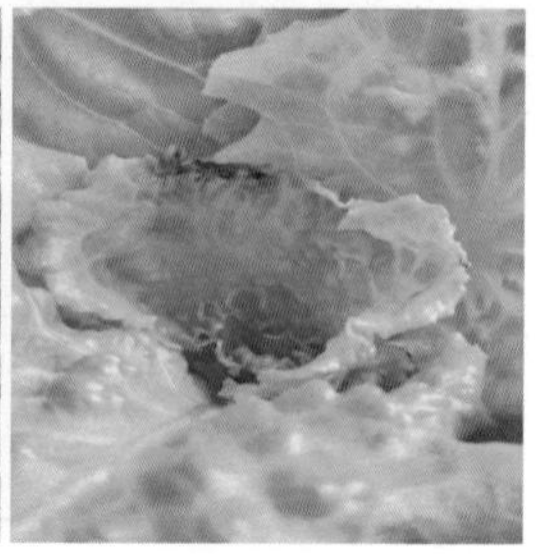

北京市农林科学院蔬菜研究所 研究员 张宝海答：

从图片看，是新叶缺钙引起的烧边，莴苣（生菜）容易发生这种情况。影响因素很多，光照强度、光照时间、温度、湿度、营养液的使用、生长时期等都会有影响，需要自己摸索调节。

辽宁省网友“熊孩制造”问：菜地里的这种虫子需要处理吗?

北京市农林科学院植物保护研究所 研究员 石宝才答：

从图片看，是地老虎，要处理一下。用野菜或蔬菜的边角料切碎拌上敌百虫或阿维菌素撒在菜地里，引诱其去取食，将之杀死。

85 河南省网友“向日葵”问：萝卜上很多这样的黑点，怎么回事?

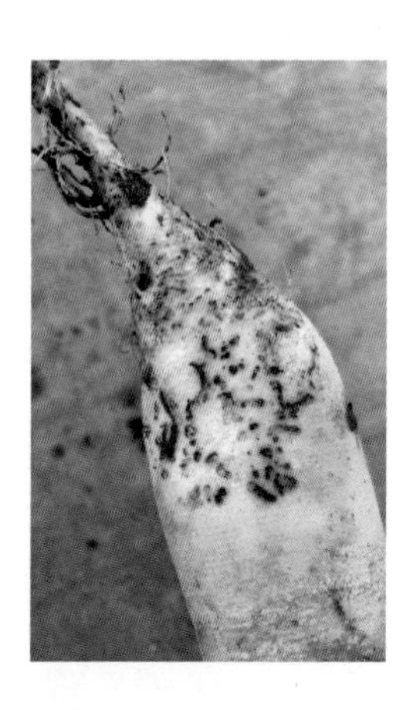

北京市农林科学院植物保护研究所 研究员 李明远答：

从图片看，萝卜是虫害影响的，如黄条跳甲的幼虫为害所致。

86 北京市密云区网友“某女士”问：萝卜苗上有白色斑点，背部呈黑色小点，应该打一些什么药或是补充一些什么元素?

北京市农林科学院植物保护研究所 副研究员 黄金宝答：

从图片看，萝卜苗可能是病，可打一些百菌清、代森锰锌和烯酰吗啉等药剂进行防治。

87 江苏省网友“明月松间照”问：白萝卜叶子上是什么虫子？怎么治？

北京市农林科学院数据科学与农业经济研究所 农管家 王金娟答：

从图片看，白萝卜是蚜虫为害的。可以挂黄板诱杀蚜虫；蚜虫不多时，可以用水冲冲；蚜虫多时，最好喷药，交替喷洒高效低毒农药，如氟啶虫酰胺、氟啶虫胺腈、吡虫啉等。

88 北京市网友“浅洛简笙”问：豆角每棵苗下面的土都发黄是怎么回事？

北京市农林科学院蔬菜研究所 研究员 张宝海答：

这种情况在田间也时常见到，与施肥、水分、温度都有关，经过观察，对植物生长影响不大。看苗子长势有些弱，应提高温度、湿度，促进其生长。

89 福建省网友“Doris”问：菜豆叶子上长了锈色斑点是怎么了？怎么办？

北京市农林科学院植物保护研究所 副研究员 黄金宝答：

从图片看，菜豆像得了锈病，可使用防治白粉病的药剂进行防治。

90 北京市朝阳区网友“家有风”问：豆角叶子上有斑点是怎么回事？

北京市农林科学院蔬菜研究所 研究员 张宝海答：

从图片看，豆角可能是低温等条件不适引起的生理反应，现在的新叶基本恢复正常。可以接着观察，不用管它。

91 河北省张家口市网友“天依”问：豆角不甩蔓是怎么回事?

北京市农林科学院蔬菜研究所 研究员 张宝海答：

从图片看，豆角还没到甩蔓的时候，豆角长势差，不要频繁浇水。

92 辽宁省网友“盘锦黄瓜”问：豆角刚开始有叶片褶皱，然后叶柄和叶片变成褐色，秧子就死了，是怎么回事?

北京市农林科学院蔬菜研究所 推广研究员 陈春秀答：

从图片看，地上部叶子变蔫，最后植株枯死，说明是根部原因。把根拔出来看看根部或茎基部是否出问题了。如果根部发褐、变黑，说明是根腐病；如果茎基部变黑就是茎基腐病。这种情况是由于浇水过多、温度高造成的。建议把死的植株拔掉，土壤用噁霉灵进行消毒。注意浇水后进行通风降湿，温度保持在白天 20 ～ 28℃，夜间 12 ～ 15℃。

93 山西省市民“立华”问：无筋豆藤蔓长得很乱，开了不少花，不怎么结豆角，是怎么回事?

北京市农林科学院蔬菜研究所 研究员 张宝海答：

如果播种晚，6 月天气太热，温度过高，架豆不耐高温，落花严重，所以不结荚，这是普遍现象。这个品种的侧蔓旺盛，显得长得乱，跟品种有关系，如果早播种的话能够早期结荚一部分。

94 北京市大兴区网友"有咸人"问：罗勒长出来皱皱巴巴有点泛黄是怎么回事？

北京市农林科学院蔬菜研究所 推广研究员 陈春秀答：

从图片看，罗勒叶片生长正常，没有问题。气温较高，注意浇水。

95 海南省某网友问：薄荷是怎么了？

北京市农林科学院蔬菜研究所 研究员 张宝海答：

从图片看，是缺肥缺水，椰糠里养分非常少，需尽快补充营养，保证基质有一定含水量。

96 北京市某网友问：秋葵倒伏后加土，一天就这样了，怎么回事？

北京市农林科学院蔬菜研究所 研究员 张宝海答：

秋葵如果是没有经过锻炼的嫩苗，突然遇到高温干旱，也有可能这样，穴盘苗基本上离不开人，一个中午没水干旱就死了，要尽快定植下去。

97 重庆市某网友问：秋葵这个白点是什么？

北京市农林科学院植物保护研究所 副研究员 黄金宝答：

从图片看，秋葵像是蓟马为害的，可以挂蓝板。

98 重庆市网友“桃美人”问：秋葵果实上长白色的鼓包，是怎么回事？

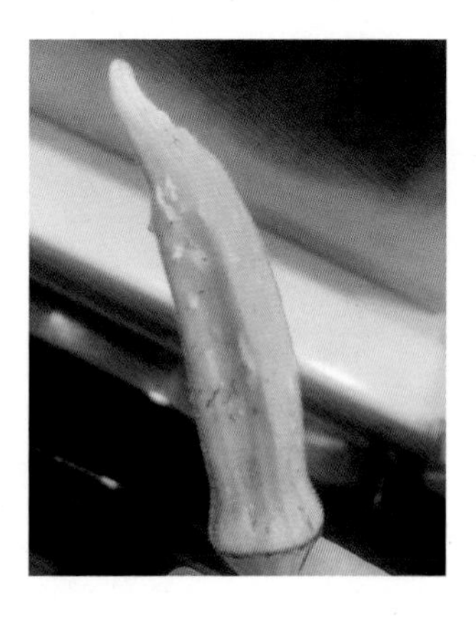

北京市农林科学院蔬菜研究所 推广研究员 陈春秀答：

从图片看，秋葵果实上是被蓟马为害的症状。可以挂蓝板诱杀成虫，还可以用阿维菌素进行药剂防治。

99 北京市朝阳区网友“家有风”问：落葵（木耳菜）这是要开花了吗？还能吃吗？

北京市农林科学院蔬菜研究所 推广研究员 陈春秀答：

落葵（木耳菜）生长到一定阶段就会开花，开花也不影响

食用。建议落葵（木耳菜）长到一定高度时进行闷尖，开花就会迟缓，叶片也会又大又肥厚。

100 广东省网友“十五”问：芥蓝裂茎是怎么回事？

北京市农林科学院蔬菜研究所 推广研究员 陈春秀答：

芥蓝出现开裂与生长过程中水分、温度管理有关。在茎膨大时水分过多，或者干旱、空气干燥、温度高等，都会导致出现这种现象。

101 北京市网友"--HU- 北京"问：大蒜黄尖儿缺啥肥？

北京市农林科学院蔬菜研究所 研究员 张宝海答：

从图片看，大蒜应该是发生了疫病，可以喷施甲霜·锰锌、代森锌等药剂防治。

第二部分

果树

（一）苹　果

1 河北省张家口市的网友“阳光下盛开的牡丹”问：刚移栽一个月的苹果树叶子卷曲了，是怎么回事？

北京市农林科学院林业果树研究所 研究员 鲁韧强答：

刚移栽的苹果树，根系发生新根还很少，吸收的水分和养分还不能供应枝叶充足生长，所以叶片展不开，出现旱象。待雨季来临后会长出新梢，要注意及时浇水和喷药防治病虫害，有条件的在清晨或傍晚给叶面喷喷清水。

2 北京市网友“小怪”问：苹果树叶子都被虫子吃了，需要打什么药？

15 北京市房山区张先生问：圣女果一周前打了代森锰锌来防治灰霉病，现在出现卷叶是怎么回事?

北京市农林科学院植物保护研究所 副研究员 黄金宝答：

用代森锰锌防治灰霉病，效果不太理想，可换吡唑醚菌酯（凯润）、克得灵或嘧霉胺。从图片看有卷叶等症状，不像传染病，可能与水肥及棚室管理有关。

16 北京市海淀区网友“瞳”问：番茄是什么虫子为害的?

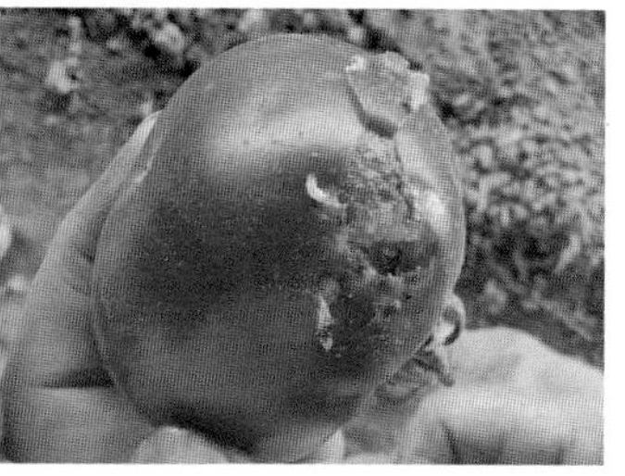

北京市农林科学院植物保护研究所 研究员 石宝才答：

从图片看，是番茄潜叶蛾，这是种国家检疫害虫。

北京市农林科学院蔬菜研究所 推广研究员 陈春秀答：

从图片看，番茄是茎基腐病。是因为苗本身带有茎基腐病，定植后逐渐表现出来了。这种情况下，可以观察几天，看看能不能恢复，如果影响生长只能拔掉，如果不严重就没有问题。

14 北京市房山网友“美丽安”问：矮番茄底部叶片焦边是怎么回事?

北京市农林科学院蔬菜研究所 研究员 张宝海答：

从图片看，叶片发干是由于老叶子接近地面、湿度大造成的，植株整体长势还可以，可把下部的老叶、病叶打掉。

北京市农林科学院植物保护研究所 高级农艺师 徐筠答：

从图片看，像是苹果小卷叶蛾在新叶生长初期为害所致，也可能是尺蠖。

防治措施如下。

① 防治时期：全年喷两次杀虫剂可控制全年为害，第一次在开花前，第二次在落花后 10 天。

② 可选药剂：25% 灭幼脲 1 500 倍液 + 有机硅 3 000 倍液。

3 山东省网友“媛媛”问：苹果底下的枝子要去掉吗？要配置授粉树吗？

北京市农林科学院林业果树研究所 研究员 鲁韧强答：

从图片看，苹果幼树枝量很小，下部的枝不用去除，先留着养树和利用它早结果，待上部树冠长成后再去掉。苹果树是

异品种授粉才能结果的植物，若有空间需补栽一棵不同品种的苹果树做相互授粉树。若没有空间种植，可在树上嫁接一个枝的不同品种做授粉枝，以解决成树的援粉结果问题。

北京市海淀区陈女士问：黄元帅苹果上的绿点是什么病?

北京市农林科学院林业果树研究所 研究员 鲁韧强答：

从图片看，苹果果面布满绿色病斑，可能是得了苹果病毒病。该病毒会导致苹果果实表面出现绿色或黄绿色的病斑，病斑面积可逐渐扩大，同时果实可能出现变形、凹陷和裂果等症状。

针对苹果果实上出现的绿色病斑，可以采取以下防治措施。

①清除感染的果实。及时发现感染的果实，进行清除和处理，避免病毒进一步传播到其他果实。

②农药防治：选择可有效防治苹果病毒病的药剂，喷洒在果树叶片上，用于预防和控制苹果树病毒病害的发生和传播。

③配合在根部施用木美土里菌剂会有更好的防治效果。

5 北京市大兴区网友“瘦身教练”问：苹果上部新叶黄叶、有褐色斑，是什么病?

北京市农林科学院林业果树研究所 研究员 鲁韧强答：

从图片看，苹果黄叶是缺铁症。缺铁严重时就会产生坏死斑。可以在初现黄叶时喷 EDTA 螯合铁（乙二胺四乙酸铁钠）或柠檬酸铁矫治。

6 北京市海淀区网友"Julie--Q"问：苹果树叶有褐色斑，是什么病，怎么防治?

北京市农林科学院数据科学与农业经济研究所 农管家 王金娟答：

从图片看，是苹果锈病。苹果锈病又名赤星病、羊胡子病等，病菌在桧柏树病部组织中越冬。春季3月间随风雨侵入果树的嫩叶、新梢、幼果。果树展叶20天之内最易受侵染。

防治方法如下。

①果园5 000米范围内不能种植桧柏等寄主植物。

②早春在果园周围不能砍的松、桧柏上喷2～3波美度石硫合剂或者100～160倍波尔多液1～2次。

③在苹果树萌芽至展叶后25天内施药保护果树。第一次用药掌握在苹果树萌芽时期进行，喷1∶2∶240倍波尔多液，每10天喷药1次，连续2次。若雨水多，应在花前喷1次，花后喷

1 ～ 2 次 25% 三唑酮（粉锈宁）粉剂或乳剂 3 000 ～ 4 000 倍液 + 有机硅渗透剂 3 000 倍液，效果很好。如果生长后期果实已受侵染，喷 1 次 25% 三唑酮（粉锈宁）3 000 ～ 4 000 倍液 + 有机硅渗透剂 3 000 倍液可以控制病情，但不能恢复了。

7 北京市房山区房女士问：苹果树春天施什么肥好？

北京市农林科学院林业果树研究所 研究员 鲁韧强答：

苹果树在春天迅速长梢长叶，在萌芽前可追施速效氮肥，促进新梢和叶片的生长。既可以追施尿素、硫酸铵等氮肥，也可追施高氮型复合肥。追施化肥时要开 10 厘米的浅沟，施用后覆土并及时灌水。在 5 月中旬后追肥，以氮为主，配施磷肥，促进幼果生长和花芽的形成。

（二）梨　树

8 北京市平谷区王先生问：梨树叶片普遍发黄并有红叶，是怎么回事?

北京市农林科学院林业果树研究所 研究员 鲁韧强答：

从图片看，梨树叶片普遍发黄并有红叶，是缺氮和磷，应追施高氮型复合肥或微生物菌肥。这棵梨树晚开花且幼叶呈浅红色，可能是枝条基部受过伤或是与枝条对应位置的根受过伤，致使萌芽开花较晚，且营养回流不畅造成糖分积累，促使幼叶花青素形成呈浅红色。

9 北京市海淀区网友“香蕉梨”问：玉露香梨今年第一次见到糖心，会不会和六月的高温及七八月昼夜温差大有关?

北京市农林科学院林业果树研究所 研究员 鲁韧强答：

以往的科学研究认为苹果和梨糖心果实是缺钙的症状。根据这样的结论，有生长期喷施硼或钙的试验，都能降低糖心果实的比例。后来有研究证明，糖心果肉钙的含量高出不糖心果肉，并且通过显微镜观察，也未发现细胞破损现象，证明糖分并不是由细胞内渗透到细胞间隙的，而是由于维管组织运输糖分不畅，渗透到细胞间隙中的。这些试验结果增加了缺钙论的复杂性。进一步证明果实生长后期，大的昼夜温差，特别是夜间的低温，对苹果和梨糖心起到至关重要的作用。低温使糖的转化酶钝化，限制了糖的初级运输形式（山梨醇）的转化和运输，造成维管束中山梨醇聚积而渗透至细胞间隙，形成糖心果实。分析 2023 年北京出现玉露香梨的糖心果实情况，与 6 月高温无关，因为此时梨还没有进入膨大期，不会产生可溶性糖的积累。还是和果实膨大后期至采收前昼夜温差大及夜间出现的超常低温有关。秋季白天光照充足有利于糖分的积累，而夜间超常低温钝化了糖分转化酶的活性，使维管组织运输中的山梨醇的转化和运输受阻，进而渗透到细胞间隙内积累，形成水渍状糖心。查阅一下 9 月气温的昼夜温差值及最低温度，对比与以前年份的差别，应能分析出差异原因。

10 北京市平谷区王先生问：梨果黑是怎么回事？

北京市农林科学院林业果树研究所 研究员 鲁韧强答：

从图片看，佛见喜梨果变黑，是由于梨解果袋后，在迎风口处的梨嫩皮受风吹，造成梨表皮细胞受伤。佛见喜梨的表皮含酚类物质较多，受伤的表皮细胞中的酚类物质遇空气氧化，形成褐色物质，使梨表皮变成深褐色。

克服迎风口处梨变黑的方法如下。

① 选用苹果用双层纸袋，解袋时先去外层纸袋，3 天后再去内层纸袋，使果皮有一个适应老化的过程。

② 若用单层纸袋，摘袋时先将袋底撕开成伞状，让果实见散射光，2 天后再去袋，也可缓解梨皮变色。

（三）桃、李、杏

11 北京市平谷区李先生问：小气候地方的桃花已经开了，但是没有看到花粉，是怎么回事?

北京市农林科学院林业果树研究所 研究员 鲁韧强答：

从图片看，桃花药已开裂，花粉已放过了。如果认为花粉很少，可能是因为气温高，开花进程快，使雄蕊花药发育较差，所以花粉形成较少。再有就是有些桃品种的花药，在花朵还没完全开放时就开裂放粉了。

12 北京市顺义区张先生问：春秋棚里种植的桃树开花很多，坐不住果，是怎么回事?

北京市农林科学院林业果树研究所 研究员 鲁韧强答：

北京市及周边发展设施果树，只能在日光温室栽植。如果在大棚内栽植果树，就必须加保温被才能成功。因为 3 月北京的气温波动大，昼夜温差极大。大棚内中午升温很快，可达到 30℃，促使开花。日落后降温更快，至凌晨时棚内温度比露地还要低 1℃。极端的时候凌晨可达 0℃以下，即使在 0 ～ 5℃，坐果也极困难。

从图片上桃树形态看，树龄小，枝条多是生长中后期发生的，虽然也形成了花芽，但不饱满，从花朵上看多数花雌蕊较低，这种花发育不全，也坐不好果。夏季未修剪，枝条细长不能及时停止生长，树体贮藏营养不足。冬季也未修剪，剪截细弱的枝条可集中营养，对萌芽前的雌雄蕊发育期可起到促进作用。如果有坐住的果也是在生长充实的果枝上或在果枝背上的强壮花芽上。

13 重庆市网友“重庆阳台”问：桃树如何修剪？

北京市农林科学院林业果树研究所 研究员 鲁韧强答:

从图片看，盆栽桃树没有冬季修剪，所以现在新梢生长较弱。

现在的树形应近似纺锤形，注意以中干为中心，每年转圈插空选留大枝组，待到有上下重叠的大枝组时，要保持60厘米以上距离。对重叠又不够距离的大枝组，要及时回缩或疏除。疏除各大枝组背上枝和竞争枝，对生长旺的新梢及时摘心。目前看新梢生长还较短，可抹除内膛过密的新梢。

14 北京市网友“赵玻－温室技术与设施装备服务”问：请问桃树上面是什么昆虫?

北京市农林科学院数据科学与农业经济研究所 推广研究员 曹承忠答:

从图片看，桃树上面的虫子是斑衣蜡蝉。

15 江苏省网友“小菜农”问：黄金水蜜桃全蛀了，是什么虫子为害的，怎么防治？

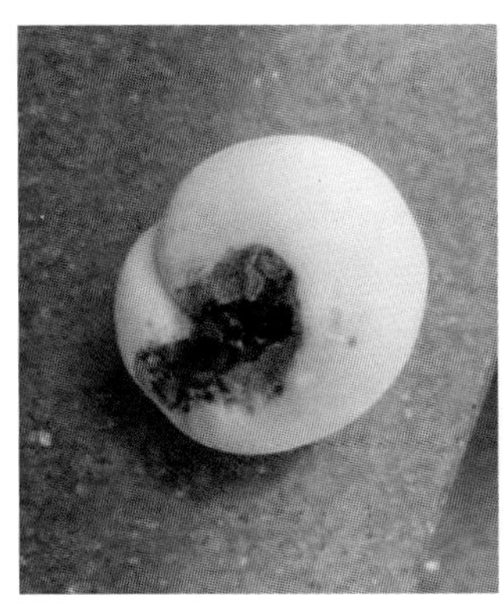

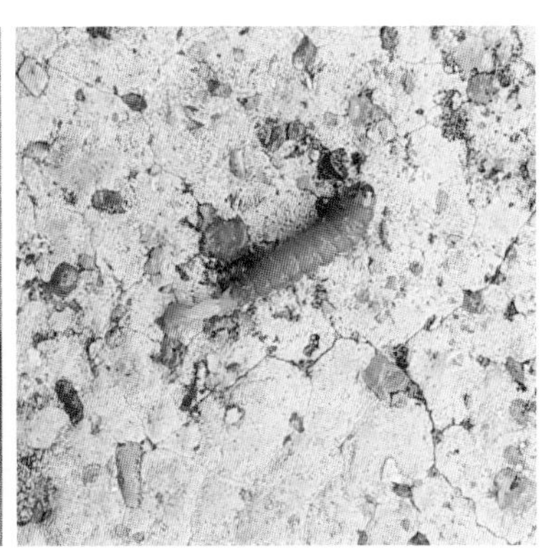

北京市农林科学院植物保护研究所 高级农艺师 徐筠答：

从图片看，像是桃小食心虫为害所致。该虫以幼虫为害果实，被害果蛀孔针眼大小，孔流出眼珠状果胶，俗称“流眼泪”，不久干枯呈白色蜡质粉末，蛀孔愈合后成小黑点略凹陷。幼虫在果肉里横串食，排粪于其中，俗称“豆沙馅”。一旦桃子发生蛀食，很难防治。

防治措施如下。

① 土壤处理，根据幼虫出土观测结果，利用越冬幼虫结茧前出土沿地面爬行的习性，在幼虫集中出土的 1 ～ 2 小时，在冠下地面喷洒杀虫剂，杀死出土幼虫，可用 5% 辛硫磷乳油或微胶囊 1 000 倍液，要求湿润地表土 1.0 ～ 1.5 厘米。喷洒后用齿耙子浅搂，深达 3 ～ 5 厘米。

② 也可采用黑地膜覆盖树盘的方法，闷死出土幼虫。

③ 根据成虫发生盛期预测结果进行树上喷药防治，使用

25% 灭幼脲 1 000 ～ 1 500 倍液 + 有机硅渗透剂 3 000 倍液，喷施 2 次，间隔 7 ～ 10 天。

④性诱剂迷向法 + 诱杀。使果园空中全部散发雌性成虫的雌性刺激气味，使雄性成虫找不到雌性成虫进行交尾。可在果园里每 50 米放一个性诱剂诱蕊，就能达到防治目的，此法一般用于有机果园。

16 北京市平谷区张先生问：除了适当早采，晚熟桃蓬仙 13 号有什么方法减少靠近果核的果肉发生褐色病变？

北京市农林科学院林业果树研究所 研究员 鲁韧强答：

解决蓬仙桃核周果肉褐变的问题，除适当早采外，套袋和减少氮肥施量，都有降低果肉酚类物质含量的作用。此外，果枝上增加留果数量，减少特大果实生产，减少果核与果肉维管束的分离，减缓果肉细胞衰老进程，应可减轻核周果肉变褐。采摘期再观察一下，是否中大的果实核周果肉变褐很少。

17 河北省廊坊市“春天的燕子”问：李子叶片干了，是怎么回事？

北京市农林科学院林业果树研究所 研究员 鲁韧强答：

从图片看，李子树的叶片有很多脱水枯死。分析是由于连续高温天气，在高温烘烤和阳光直射下，造成局部温度过高，引起李子叶片的日灼干叶现象。这种情况夏季比较普遍，应当注意在高温天气，使用遮阳网进行遮阴，否则一旦造成植株干叶，果实由于缺乏营养供应，也会造成干缩，甚至落果。

18 北京市石景山区网友"石头记"问：杏树枝干上长满了黑色硬硬的圆球，是什么问题，怎么解决？

北京市农林科学院数据科学与农业经济研究所 农管家 王金娟答：

从图片看，杏树上长的硬球是球坚蚧，是一种蚧壳虫。该虫在北方一年发生一代，以 2 龄若虫越冬。3 月其若虫脱掉蜡壳，转移至新的定殖点，4 月若虫羽化为成虫，雌雄虫交尾，5 月中旬为产卵盛期，5 月下旬至 6 月上旬为卵孵化盛期，形成新的一代。

防治方法如下。

①可以直接用硬毛刷将虫体刮落，集中处理。

②在6月初若虫孵化期喷菊酯类杀虫剂杀死初孵若虫。

③在春季杏树芽萌动期喷5波美度石硫合剂杀灭枝干上蚧虫。

19 山东省网友“高伟—山东济宁”问：杏树打完药后出现这种情况怎么办？

北京市农林科学院林业果树研究所 研究员 鲁韧强答：

从图片看，杏树新梢叶片畸形是被蚜虫为害所致。生长中的幼叶被蚜虫刺吸后而变卷曲，即使把蚜虫消灭了，叶片也不会展平了。防治蚜虫要及时，再长出的新叶就正常了。

湖北省网友“湖北．大别山区”问：今年刚栽的杏树新梢不怎么长，是怎么回事？

北京市农林科学院林业果树研究所 研究员 鲁韧强答：

从图片看，杏树新梢幼叶可能是被缩叶壁虱为害的，所以停止了生长，可喷阿维菌素＋有机硅进行防治。

（四）樱　桃

21 北京市房山区丁女士问：樱桃树叶片有黄斑，是什么病，怎么防治？

北京市农林科学院植物保护研究所 高级农艺师 徐筠答：

从图片看，像是樱桃褐斑病。

防治措施如下。

（1）加强水肥管理

加强水肥管理，增强树势，提高树体的抗病能力，冬季修剪后彻底清除果园病枝和落叶，集中深埋或烧毁，以减少越冬病源。

（2）药剂防治

植株萌芽前喷 5 波美度的石硫合剂。加强春梢的早期防治，花后 7 ～ 10 天开始喷药，每 7 ～ 10 天喷洒 1 次，喷 2 ～ 3 次。

雨季可再加喷 1 ～ 2 次。

可选择药剂有：1.5% 多抗霉素 300 ～ 500 倍液（防效好，多年连续病菌无抗性产生），10% 宝丽安 1 200 ～ 1 500 倍液，80% 大生 600 倍液，30% 戊唑醇悬浮剂 2 000 ～ 3 000 倍液，75% 百菌清可湿性粉剂 500 倍液，70% 代森锰锌可湿性粉剂 600 倍液防治。

以上药剂均可加有机硅渗透剂。

22 北京市海淀区陈女士问：樱桃树老叶片都黄了，是怎么回事?

北京市农林科学院林业果树研究所 研究员 鲁韧强答：

从图片看，樱桃黄叶的情况，不像缺素症，更像干旱造成的黄叶，叶片不是脉间失绿，而是叶脉变黄，需要尽快浇水，防止出现更多落叶。

23 北京市房山区网友“韦小宝”问：樱桃是怎么回事？

北京市农林科学院林业果树研究所 研究员 鲁韧强答：

从图片看，樱桃果实病斑略凹陷，上有黑霉并没有深入果肉，可能为疮痂病。

防治方法：发病前喷 50% 扑海因可湿粉剂 1 000 倍液，或用 40% 百菌清悬浮剂 500 倍液，或用 50% 代森锰锌 500 倍液，隔 10 天左右喷 1 次，连喷 2 ～ 3 次。

24 北京市大兴区网友“娟子”问：樱桃树下有很多木屑是什么问题，该如何防治？

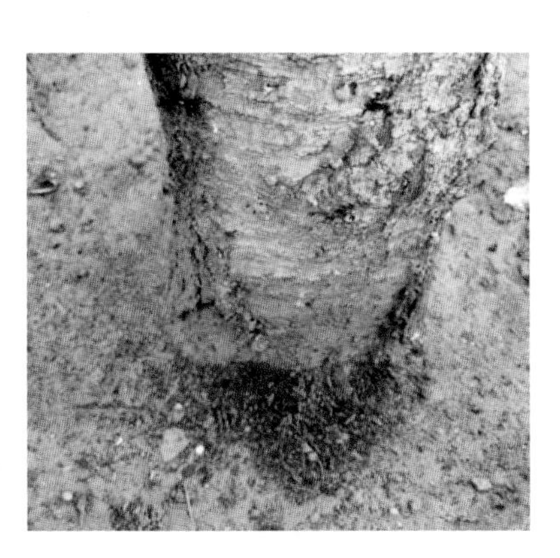

北京市农林科学院植物保护研究所 高级农艺师 徐筠答：

从图片看，像是天牛幼虫为害所致。

防治措施如下。

①人工捕捉成虫。6—7 月，可利用从中午到下午 3 时前成虫有静息枝条的习性，组织人员在果园进行捕捉，可取得较好的防治效果。用绑有铁钩的长竹竿钩住树枝，用力摇动，害虫便纷纷落地，逐一捕捉。

②涂白主要枝干。4—5 月，即在成虫羽化之前，可在树干和主枝上涂刷“白涂剂”。把树皮裂缝、空隙涂实，防止成虫产卵。

③提前杀死幼虫。9 月前孵化出的天牛幼虫即在树皮下蛀食，这时可在主干与主枝上寻找细小的红褐色虫粪，一旦发现虫粪，即用锋利的小刀划开树皮将幼虫杀死。也可在翌年春季检查枝干，一旦发现枝干有红褐色锯末状虫粪，即用锋利的小刀将在木质部中的幼虫挖出杀死。

④药物防治方法。6—7 月，成虫发生盛期和幼虫刚刚孵化期，在树体上喷洒 10% 吡虫啉 2 000 倍液，7 ～ 10 天 1 次，连喷几次。

⑤大龄幼虫蛀入木质部，可采取虫孔施药的方法除治。清理一下树干上的排粪孔，向蛀孔填敌敌畏棉条，也可用一次性医用注射器，向蛀孔灌注 50% 敌敌畏 800 倍液或 10% 吡虫啉 2 000 倍液，然后用泥封严虫孔口，再用黑地膜将树干缠严。

25 北京市顺义区杨先生问：樱桃树叶逐渐干了，怎么回事?

北京市农林科学院林业果树研究所 研究员 鲁韧强答：

从图片看，樱桃叶片干枯是日灼伤害造成的。日灼伤具有方向性，树的南侧或西南侧的背上枝，或处于日光直射下的老叶片易被灼伤。而树冠北侧则很少灼伤。新梢生长量小的弱树

南向叶片灼伤更严重，邻近防风林的树叶片日灼会更重。夏季高温季节，当阳光过强时，保护地的果树可以用遮阳网进行遮阴，从而有效避免这种情况的发生。

26 **北京市房山区郑先生问：樱桃得了流胶病两年，今年结完果死枝了，是怎么回事？**

北京市农林科学院林业果树研究所 研究员 鲁韧强答：

从图片看，樱桃树大枝出现黄叶。推测可能是流胶造成枝干输导组织堵塞，水分及营养物质运输受阻，造成叶片发黄脱落。樱桃树易发生流胶，在受到雨涝、创伤及冻害时，都会从皮孔及受伤部位流胶，流胶严重时会使局部枝或整株树衰弱甚至死亡。解决方法如下。

发现流胶时，及时刮除流胶并涂石硫合剂保护。春秋季节树干涂白保护，以减小树干昼夜温差，预防日灼和冻伤。

另外，生产上经常有 7 年以上樱桃树，在果实近成熟时开始整株或局部黄叶并萎蔫，这种情况多是以山东大青叶为砧木嫁接的樱桃树。该砧木嫁接的樱桃，一般幼树期间生长茁壮，7 年生后开始发病黄叶，并逐渐衰弱死亡，死亡原因至今无解。因此，要尽量避免栽种以山东大青叶为砧木嫁接的樱桃树。

（五）草　莓

27 北京市昌平区胡女士问：草莓叶片红、不长，果实又小又硬，是怎么回事？

北京市农林科学院蔬菜研究所 推广研究员 陈春秀答：

从图片看，草莓苗是被红蜘蛛为害的，而且很严重，以至于不长，果实又小又硬。

补救措施：尽快用杀螨剂进行防治，把严重干叶、僵果去掉。每周打 1 次药，连续打 3 次。

28 北京市门头沟区某用户问：草莓果上长毛，是什么病，怎么防治？

北京市农林科学院植物保护研究所 副研究员 黄金宝答：

从图片看，是草莓灰霉病。

防治方法如下。

①用药前，摘除病果、病叶，尽量去除干净。

②药剂可用速克灵、嘧霉胺、克得灵、啶酰菌胺或洛菌腈等，应在晴天上午使用，重点喷施果实两头和叶尖，喷完药后，关闭风口，待棚室温度提高 6 ～ 8℃后再放风，应从小往大放，防止闪苗。另外，上述几种药可轮换使用，尽量不混用，7 天左右 1 次，共需 2 ～ 3 次。

29 北京市门头沟区某用户问：草莓叶片和果上都有白毛，是什么病，怎么防治?

北京市农林科学院植物保护研究所 副研究员 黄金宝答：

从图片看，是草莓白粉病。

防治方法如下。

首先，及时清除病残体，将病叶、病花（梗）和病果等用袋子套住（以防病菌飞散）后采下来带走。

其次，使用药剂防治，在晴天上午用药剂防治，可用药剂为乙嘧酚、吡唑醚菌酯（凯润）、氟硅唑、硝苯菌酯、露娜森等。上述药剂，每次用一种药，可轮换用药，但尽量不要混用，为减缓病菌抗药性产生，每次可加百菌清或代森锰锌保护剂。

最后，打完药后，关闭棚室，待温度提高 6 ～ 8℃后再放风，注意放风一定要从小到大放，以防闪苗，共需 3 ～ 4 次，间隔期 7 ～ 10 天。

30 浙江省某先生问：草莓叶边变褐色是什么原因？

北京市农林科学院蔬菜研究所 研究员 张宝海答：

从图片看，草莓根系受损，有点烧苗了，基质里肥多或者电导率高了，需要勤浇、多浇水。

31 北京市门头沟区果农"腱鞘炎"问：草莓新长出来的叶子被虫子咬了吗？叶片边缘发黑、干枯怎么回事？

北京市农林科学院林业果树研究所 副研究员 董静答：

从图片看，草莓新叶被虫类啃食，推测可能是夜蛾科害虫或菜青虫。应在周围的草莓植株上找找，找到后人工直接杀死。至于老叶发黑的情况，综合分析，是植株根系活性不高的表现。可能是水大、土壤透气差或是施肥多造成的。应当加强水肥管理，尤其是注意中耕，提高土壤透气性，控制浇水，见干见湿，不要水分过多。

32 浙江省网友“也马”问：草莓是什么虫子为害的？用吡虫啉管用吗？

北京市农林科学院数据科学与农业经济研究所 农管家 王金娟答：

从图片看，草莓上有红蜘蛛、白粉虱和蚜虫。吡虫啉可以防治蚜虫和白粉虱，红蜘蛛可以用哒螨灵和联苯肼酯防治。虫害发生比较严重了，建议根据具体情况喷 2 ～ 3 次，间隔 5 ～ 7 天。

33 北京市海淀区张女士问：草莓老叶焦边是怎么回事？

北京市农林科学院林业果树研究所 研究员 鲁韧强答：

从图片看，盆栽草莓老叶片焦边，是缺钾症。可用 0.5% 硫酸钾溶液喷于叶片和浇灌于盆内，进行补钾矫治。

34 浙江省网友“也马”问：草莓叶子卷曲是什么原因？

北京市农林科学院林业果树研究所 研究员 鲁韧强答：

从图片看，草莓苗叶片表现整体缺素。老叶片叶缘锯齿干边，是缺钾症；新叶片卷曲且干边，是缺钙、硼元素的表现。说明栽培基质配比不当。草莓苗刚定植就出现这么多的问题，对以后生产会有大的影响。可先在试验盆里浇灌和叶面喷施 0.3% 的硫酸钾 +0.2% 硝酸钙 +0.1% 硼砂水溶液进行矫正，看看效果如何。

35 北京市海淀区网友“豆豆”问：室内盆栽草莓适合用什么基质？

北京市农林科学院林业果树研究所 研究员 鲁韧强答：

盆栽草莓适用的基质有蛭石、泥炭、珍珠岩和腐叶土等。用蛭石加泥炭混合基质具有良好的保水性能和排水性能；用蛭石和腐叶土混合基质，既可保水也可以提供草莓生长的营养。

36 江苏省宋先生问：草莓幼苗期间浇水，是见干见湿，还是要干透湿透？

北京市农林科学院林业果树研究所 副研究员 董静答：

草莓根系怕涝喜透气，浇水最好少量多次。一般移栽时要一次浇透，草莓成活后，浇水要求见干见湿、少量多次。

（六）其他果树

37 广东省网友“广东俏俏”问：葡萄新长出的叶子发黄且很小，是怎么回事?

北京市农林科学院林业果树研究所 研究员 鲁韧强答：

从图片看，葡萄新梢摘心后，萌发出的副梢短小且叶色发黄，可能是缺锌形成的小叶病。7 月南方雨水频多，土壤含水量过高，会影响土壤透气性，使根系吸收养分的能力减弱，形成缺锌小叶病。

解决方法：一是松土晾墒，增加土壤透气；二是结合防治病虫害喷农药，加入 0.3% 硫酸锌进行补锌矫正。

38 广东省网友“广东俏俏”问：葡萄是生病了吗？最近太热了，天台应该有40℃。

北京市农林科学院林业果树研究所 研究员 鲁韧强答：

从图片看，这株葡萄苗整体偏弱，还有点缺铁，应在盆中浇0.5%三元复合肥水溶液+0.2%硫酸亚铁，促生长。叶片上有褐斑病，需喷代森锰锌、百菌清或甲基硫菌灵防治。每隔10天喷1次，连喷3～4次。喷药时可加入0.3%硫酸亚铁，矫治黄叶病。

39 湖南省网友“酱油姐”问：葡萄叶片发黄，还没有结葡萄，有红蜘蛛怎么办？

北京市农林科学院林业果树研究所 研究员 鲁韧强答：

从图片看，葡萄黄叶是缺钾的症状。缺钾元素老叶片先从叶尖及叶边缘发黄并逐渐焦枯。可土施硫酸钾或三元复合肥，叶面喷 0.5% 磷酸二氢钾水溶液。叶片上拉网的蜘蛛是益虫，不必喷药。红蜘蛛是害虫，是极小的害螨，现在叶片上没有。后期葡萄管理应当主要关注病害防控，雨季若淋雨易得霜霉病，重点喷杀菌剂防病。对细长的新蔓，可留 10 叶片摘心，使其充实生长为来年结果打基础。

40 北京市网友“美好时光”问：葡萄的叶子怎么回事？葡萄上有道子怎么回事？叶片是老叶片这样，葡萄叶片和葡萄是两棵上的。

北京市农林科学院林业果树研究所 研究员 鲁韧强答：

从图片上葡萄干边的老叶分析，如果干边老叶在新梢上没

有方向性，则为缺钾症；如果干边老叶片是在向阳面，可被正午时段的阳光直射着，则应是日灼伤。

有栓化伤的葡萄粒，不像得病果，更像风吹叶片磨蹭的表皮伤。

41 广东省某网友问：葡萄苗是怎么回事？

北京市农林科学院林业果树研究所 研究员 鲁韧强答：

从图片看，葡萄苗 1 新叶和新发幼叶皱缩，是缺硼症；葡萄苗2、苗3老叶片发黄，整体叶色黄绿是缺氮症。其中苗2有不规则多孔破叶，是绿盲蝽在萌芽后刺吸造成的，现在虫已迁飞。

几棵葡萄苗都很细弱，可浇施0.5%的尿素水溶液或0.5%三元复合肥水溶液，叶面喷施0.3%硼砂水溶液矫正。

42 重庆市网友“重庆阳台”问：葡萄果穗短，是怎么回事？

北京市农林科学院林业果树研究所 研究员 鲁韧强答：

从图片看，葡萄新梢和花穗生长正常。在花穗上留5叶片摘心，等到又长出副梢后，果穗以下的副梢抹除，果穗以上副梢留2叶片反复摘心，延长副梢第一次留5叶片摘心，以后也留2叶片摘心，没有果穗的新梢留10叶片摘心。这样做才能节省养分，促壮新梢和提高坐果率，促进果穗生长。

43 四川省网友“calla”问：葡萄挂果了需要额外加养分吗?

北京市农林科学院林业果树研究所 研究员 鲁韧强答：

葡萄挂果后，果实和新梢生长迅速，需要较多的营养，应追施高氮型复合肥；待到果粒始着色期，再追施高钾型复合肥，促进果粒膨大和着色，增加含糖量。

44 湖北省网友“李丸子他妈”问：葡萄叶片上面有洞，是怎么回事?

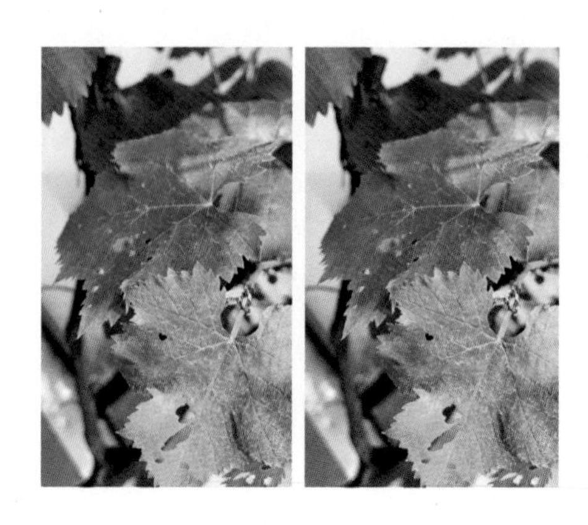

北京市农林科学院林业果树研究所 研究员 鲁韧强答：

从图片看，葡萄叶片上有不规则的破洞，不像是病害，更像是被绿盲蝽为害的。在叶片未展开前，被绿盲蝽刺吸汁液受到伤害，待展叶后即出现多个不规则孔洞。严重时全叶破损，俗称破叶疯。图中的叶片被为害得并不重，现在绿盲蝽为害已较少，有的已转移到其他植物为害。正常喷杀虫药防治二点叶蝉兼治即可。

45 山东省网友“向前看”问：圆叶葡萄上是什么虫子，怎么防治?

北京市农林科学院植物保护研究所 推广研究员 石宝才答：

从图片看，是葡萄康氏粉蚧。

防治措施如下。

① 抓好防治时机。全年以第一代幼蚧卵盛孵化期为最佳防治适期，喷施杀蚧壳虫的药剂加有机硅渗透剂防效好。

② 落叶后或发芽前，用 5 波美度石硫合剂涂抹有虫枝干或

全株喷施。

③ 在若蚧孵化期（华北地区露地洋槐树开花期）可喷施下列杀蚧壳虫的药剂：40% 速扑杀 1 000 ～ 1 500 倍液、40% 速蚧克 1 000 ～ 1 500 倍液等。以上药剂可加有机硅渗透剂 3 000 倍液。

46 山东省网友“攀登者”问：巨峰葡萄有没有简单的药物保证每年坐好果？

北京市农林科学院林业果树研究所 研究员 鲁韧强答：

巨峰葡萄自然落果严重，如果不采取措施，坐果后果穗松散，影响果穗外观商品性。

巨峰葡萄长势旺，为了减少新梢与坐果间的养分竞争，一般开花前对强旺果枝花穗上留 4 ～ 5 片叶摘心；疏除弱花序，对强旺梢留 2 个花序，中庸梢留 1 个花序，弱梢不留花序。为进一步减少养分消耗，提高坐果率，开花前一周左右掐去穗尖，剪去穗轴上部 1 ～ 3 个歧肩和大的副穗，使穗形成圆柱状，每穗保留 14 ～ 16 个小穗。

果粒增大技术，用得较好的是中国农业科学院郑州果树研究所生产的三高素，在巨峰葡萄果穗第一朵花开后 12 天（生理落果前）或 19 天（生理落果后），用三高素 500 倍液浸蘸果穗 1 次，对果粒有明显的增大作用。也可在落花后使用 30 毫升益果灵（噻苯隆）+0.25 克“920”兑水 12 千克配成药液浸蘸果穗，有很好的促进坐果和增大果粒的效果。

总之，根据巨峰葡萄的生长特性，要想优质丰产，一要及时摘心，控制新梢生长；二要疏穗整穗，提高坐果率；三要使用生长调节剂，促果粒增大。

47 山东省网友“攀登者”问：巨峰葡萄炭疽病如何快速治疗，不蔓延？

北京市农林科学院林业果树研究所 研究员 鲁韧强答：

除病叶和病枝。对于已经感染的病叶和病枝，及时将其剪除并销毁，以防止病菌继续传播。加强田间管理措施：保持葡萄园的清洁和通风，避免形成过度浓密的枝叶。在果实膨大期和成熟期，要保持果穗的通风和光照，以防止病菌滋生。

当前防治葡萄炭疽病的高效农药有三环唑。三环唑属于植物靶点特异的系统性杀菌剂，对葡萄炭疽病有很好的防治效果。使用时，根据农药说明书的用量进行喷雾。

48 江苏省网友“美丽安”问：柿子树开花了，花变黄脱落是怎么回事？

北京市农林科学院林业果树研究所 研究员 鲁韧强答：

从图片看，柿树营养不足，表现新梢虚旺、叶片较薄。在花期和幼果期如果树上旺条太多，就会与花果争夺营养，造成落花落果，越是旺条多的枝越坐不住果，一些长势弱的枝上反倒能坐果。

补救措施如下。

① 抓紧在大枝基部进行环状剥皮，剥皮宽度为枝干直径的1/10，或是在枝干基部进行多道环割，环割深度以刀锋到达木质部即可，不宜过深。这样可以暂时截留光合产物外运，并抑制枝条生长，促进坐果。

②尽快叶面喷施氨基酸叶面肥，增加叶片叶绿素含量和叶片厚度，增强光合作用，制造更多营养。

③ 在坐住果后，在树冠外围挖环状沟，沟深 15 厘米，撒施三元复合肥 1 千克，施后埋土并浇水，促使树势健壮，有利形成花芽，为明年多结果打下基础。

49 北京市丰台区网友“俪俪”问：柿子树掉皮是怎么回事？

北京市农林科学院林业果树研究所 研究员 鲁韧强答：

从图片上柿子树干掉皮部位看，不像是病害。从树干掉皮部位上方的掉皮新茬情况看，像是小蠹虫蛀食为害的。小蠹虫啃食树干形成层，它啃食的树干掉皮部位一定是露出木质部。若判定是小蠹虫为害，可在新伤口处及上方 20 厘米范围，涂刷敌敌畏或菊酯类农药，每周涂 1 次，连续涂 3 次，杀死皮下蠹虫。有条件时，可在涂药后用塑料布包裹，会有更好的预防及杀虫效果。

北京市丰台区网友“丰台区 – 小曼”问：树莓分蘖是不是需要清除？

北京市农林科学院林业果树研究所 研究员 鲁韧强答：

从图片看，树莓藤没有修剪，长放的藤条已失去顶端优势，而使地下萌蘖丛生，这样管理会很困难。

补救措施：一是回缩长放的藤条；二是选留一些好的萌蘖进行整形，将多余的萌蘖尽早清理掉。

51 重庆市网友“重庆阳台”问：橘子树怎么修剪?

北京市农林科学院林业果树研究所 研究员 鲁韧强答：

从图片看，盆栽橘子树还很小，为了树冠圆满，对长很长的新梢实施摘心，削减一下势力，让它长得慢点，使各分枝间达到生长的平衡。一盆栽两棵的，以一棵大的为主，把副栽棵斜压生长，不要让它妨碍主栽棵新梢的生长和整形即可。

52 北京市海淀区网友“于先生”问：枣树是被什么虫子为害的，怎么防治？

北京市农林科学院林业果树研究所 研究员 鲁韧强答：

从图片看，枣叶上的虫是叶蝉，可喷 2.5% 噻嗪酮乳油 1 000 倍液 +10% 联苯菊酯 5 000 倍液防治。每 10 天左右喷 1 次，连喷 2 次。

53 北京市延庆区网友“心若止水”问：大枣在树上就蔫了，蔫的地方叶子也落了，是什么原因？

北京市农林科学院林业果树研究所 研究员 鲁韧强答：

从图片看，蔫枣的状况，可能是得了炭疽病。冬前抓好清园，把病果及落叶彻底清除深埋。明春萌芽前喷 5 波美度石硫合剂，生长季可选择铜制剂或三唑酮等杀菌剂防治。

54 北京市怀柔区用户“明道 . 软枣猕猴桃家庭农场”问：软枣猕猴桃干叶是怎么回事？

北京市农林科学院林业果树研究所 研究员 鲁韧强答：

从图片看，软枣猕猴桃干叶是日灼伤害造成的。夏季北京高温不断，干热的空气烘烤和正午前后的阳光直射，使叶片表面温度过高，直接灼伤向阳面叶片及幼果。生长势较弱的植株叶片灼伤更为严重。解决办法如下。

为预防干旱的发生，果园要注意及时灌水，以满足高温时段果树叶片蒸腾水分、调节温度的需要。有条件的情况下，可在高温时段进行几次叶面喷水，帮助果树增湿降温。

55 北京市门头沟区顾先生问：蓝莓苗的叶子有不少干尖、枯死，是怎么回事？

北京市农林科学院林业果树研究所 研究员 鲁韧强答：

从图片看，蓝莓苗是由于缺素造成的日灼伤。具体从蓝莓叶片分析，像是缺铁、锰元素。蓝莓喜酸性土壤，在北方土壤多为碱性的条件下，易造成微量元素缺乏。应使用磷酸兑灌溉水进行调节，将 pH 值调至 5 ～ 6 后再浇苗，可以解决根系吸收微量元素困难的问题。

56 北京市门头沟区网友“不器”问：蓝莓叶片变黄是怎么回事？

北京市农林科学院林业果树研究所 研究员 鲁韧强答：

盆栽蓝莓老叶变黄，属缺氮症。可叶面喷施加盆里浇施0.5%的尿素水溶液矫治。

57 北京市顺义区网友“安乐”问：核桃树根部有像瘤子一样的疙瘩，是什么病，怎么防治？

北京市农林科学院植物保护研究所 高级农艺师 徐筠答：

从图片看，像是核桃树根癌病，防治方法如下。

① 定植前对苗木进行严格消毒。栽植前最好用抗根癌菌剂(K84) 生物农药 30 倍液浸根 5 分钟后定植，或用石灰乳（石灰∶水 =1∶5）蘸根 5 ～ 10 分钟，或用 1% 的硫酸铜液浸根 5 ～ 10 分钟，再用水洗净，栽植。

② 发现病株后，切除病瘤，可用抗根癌菌剂（K84）生物农药液或 10% 次氯酸钠 10 倍液灌根。

③ 挖除重病和病死株，及时烧毁。清理残根，施入有机肥，用抗根癌菌剂（K84）蘸根栽树。回填土，最好回填表土。可以换一下树坑。

目前国内防治核桃树根癌病最好的方法是栽树时用抗根癌菌剂（K84）蘸根，进行严格消毒。虽然治疗病树较蘸根栽树防效低，但也是目前最好的方法。

58 天津市某网友问：石榴果是日灼伤吗？

北京市农林科学院林业果树研究所 研究员 鲁韧强答：

从图片看，石榴果皮像是日灼伤。但是细看下侧的伤痕上已泛出菌斑，看来已被霉菌寄生。喷一下多菌灵等杀菌剂，或用1%的食用碱水浸一下，看能否治愈。

59 山东省网友“媛媛”问：无花果树招虫后被截去主干，又重新长出3个枝条，已经3年了。3个枝条是都留着，还是只留1个枝条？

北京市农林科学院林业果树研究所 研究员 鲁韧强答：

无花果的整形可以留单干树，也可以搞丛状形。图片上的树留单干损失太大，可以3个枝都留着，冬剪时注意3个枝的平衡，即控制高的，长留矮的，使3个枝高度近似，使树冠端正圆满，好看也便于管理。

60 天津市某网友问：无花果叶子怎么了？无花果不坐果怎么办?

北京市农林科学院林业果树研究所 研究员 鲁韧强答：

无花果干尖叶片是高温烘烤加日灼造成的伤害，在植株向阳面被阳光直射的叶片，容易被阳光灼伤。注意勤浇水，防止土壤干旱，根系吸水供应不足，加剧日灼伤害。

61 辽宁省网友“牛筱川”问：刚买回来的无花果叶片发黄，有褐色斑点，是怎么回事？

北京市农林科学院林业果树研究所 研究员 鲁韧强答：

从图片看，无花果苗老叶发黄有不规则褐色斑点，不像是病害。更像干旱影响后老叶衰老，将养分上运给新叶而变黄，使叶片组织出现一些坏死斑。现在可以把黄叶去掉。

62 广东省网友“xy”问：黄金百香果连续种了几年需要换苗吗？

北京市农林科学院林业果树研究所 研究员 鲁韧强答：

百香果是多年生长常绿藤本植物，生产中的一般经济种植寿命为 8 ～ 10 年。主要是因为感染病毒病或茎基腐病等病害，使其失去经济价值甚至死亡。所以有的果园被迫定植 2 ～ 3 年后就开始换苗更新，极大地影响了百香果的经济效益。生产中要加强病害防治，特别是对茎基腐病的防治，延长百香果树寿命，提高经济效益。

63 广东省网友“xy”问：神秘果种了七八年，之前几年都有正常结果，最近两年不结果了，怎么回事？

北京市农林科学院林业果树研究所 研究员 鲁韧强答：

神秘果是热带树种，喜高温高湿和阳光充足的环境。同时，南方树种适宜在酸性土壤上生长。根据这几个条件分析，在广东省种植神秘果前几年能正常结果，而近两年不结果了，是不是它的生长环境有所改变，比如现在种植的地方光照不足，不能有充足的光合产物积累，就形不成花芽而开花结果；再就是神秘果是热带植物，在温度低于 8℃时就会影响生长，若在 12 月至翌年 2 月遇冷空气，易造成不同程度的低温冻害，也会影响正常生长和结果。这些影响结果的因素供参考。

64 江苏省网友“柠檬泡泡”问：怎样才能使很酸的橘子变甜？

北京市农林科学院林业果树研究所 研究员 鲁韧强答：

橘子的酸甜与品种特性有关，有些老品种就是酸橘子，通过栽培措施很难改变其特性。如果橘子品种是甜橘品种，但结的果子较酸，是含糖量不够，可以通过栽培措施使果子变甜。

例如通过修剪，去掉一些徒长枝，节约营养，并使树体内通风透光；改善果园群体结构，使果树在一天当中多见阳光，提高叶片光合功能，多制造养分；在施肥方面减少氮肥施用量，增加磷钾肥施用量，把氮、磷、钾的比例控制在 1∶0.5∶1，同时注意锌肥、硼肥等微量元素的施用，有利果实糖分增加；在浇水方面，注意在果实成熟前半个月，实行控水，使树体处于微旱的状态，有利于果实糖分的积累，使果实糖酸比适宜，果实会更甜且风味浓。

第三部分

粮食作物

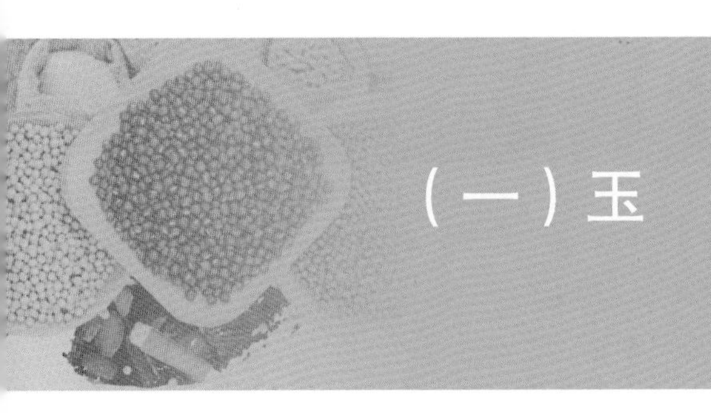

（一）玉　米

1 北京市房山区农民齐先生问：玉米上是什么虫子，怎么防治？

北京市农林科学院玉米研究所 副研究员 尉德铭答：

从图片看，是大金龟子成虫。防治该成虫可使用性诱剂诱杀或使用高空杀虫灯灭杀。化学防治可亩用2.5%功夫乳油60毫升兑水40～50千克，于上午10时前或下午5时后均匀喷洒在叶面及地面杂草上防治，注意喷均喷匀。

2 河北省某网友问：鲜食玉米漏尖是什么原因？

北京市农林科学院玉米研究所 副研究员 尉德铭答：

鲜食玉米漏尖可能是品种原因，有的品种本身就包不住尖。如果不是品种原因就是气候原因或穗轴分化时间长造成的，有的包不住尖，有的出现纺锤形穗。

3 北京市丁女士问：今年种的纪元 28 和纪元 128 为什么棵棵苗上都分杈长翅子，用掰吗？

北京市农林科学院玉米研究所 副研究员 尉德铭答：

这两个品种可能有相同“血源”，苗期对高温干旱敏感，顶端生长优势受阻，地力较肥沃而出现分蘖，这种分蘖不用掰，随着生长会逐渐退化回去，养分会产生回流，对产量有益而无害。

内蒙古自治区某网友问：鲜食玉米尖烂了是什么原因?

北京市农林科学院玉米研究所 副研究员 尉德铭答:

从图片看，是玉米螟为害造成的，建议授粉后及时套袋进行防治。

北京市房山区齐先生问：玉米上部叶片发黄是什么原因?

北京市农林科学院玉米研究所 副研究员 尉德铭答：

从图片看，应该是大量玉米螟为害导致的。玉米螟就是常说的玉米钻心虫，该虫钻蛀茎秆，造成玉米上部叶片枯死，应在玉米喇叭口期提前防治。图片中该虫为害已经较重，可用甲维盐与氯虫苯甲酰胺喷雾防治。

6 北京市房山区齐先生问：玉米苗秆子中间已经有虫粪，是什么虫子，打什么药？

北京市农林科学院玉米研究所 副研究员 尉德铭答：

从图片看，是玉米黏虫为害所致。玉米黏虫防治的原则是要做到捕蛾、采卵及杀灭幼虫相结合，要抓住消灭成虫在产卵之前、采卵在孵化之前、药杀幼虫在 3 龄之前等 3 个关键环节。

① 田间使用杨树枝诱杀成虫和诱卵采卵。

② 适时施药，消灭幼虫。化学防治一般使用 80% 敌敌畏乳

油 1 000 ～ 1 500 倍液，或用 25% 西维因（甲萘威）水剂 500 倍液，或用 25% 杀虫双水剂 500 ～ 800 倍液，每公顷用药 225 ～ 300 毫升，兑水稀释 3 000 ～ 4 000 倍进行常规喷雾。也可喷粉，每公顷用 2.5% 敌百虫粉 2.0 ～ 2.5 千克，防效也可超过 80%。

7 **北京市朝阳区网友"JOY"问：甜玉米长很多分杈，但是不结果，是什么原因？**

北京市农林科学院玉米研究所 副研究员 尉德铭答：

从图片看，甜玉米出现了多分蘖。造成这种现象的原因包括以下方面。

① 跟品种特性有关。当玉米生长过程中出现异常天气时，植株会出现多个分枝，这是一种返祖现象。一般是在多个叶腋处长出分枝，分枝上顶生果穗，小穗上还长很多剑叶。

②跟管理有关。如果玉米前期肥水较大，突然出现低温或高温使顶端生长受阻，就会长出多个分枝或基部叶腋出的叶芽发育长大。如果后期遇到干旱，会出现雄穗散粉过快，这时雌穗花丝还未出来，造成雌雄不协调，玉米授不上粉而不结实。

8 浙江省网友“像风没有归宿”问：玉米这么小都开花了，是咋回事？

北京市农林科学院玉米研究所 副研究员 尉德铭答：

从图片看，玉米植株约 1 米，雄花就已经开了，显然植株没有完全长起来。这种情况是苗期干旱造成的植株偏矮。图中长雌穗的部位快接近地面，位置过低，有的甚至长不了雌穗，严重影响产量。针对这种情况，建议赶紧浇水施肥，同时通过辅助授粉，增加成穗率，能够弥补一定的损失。

9 山东省网友“泓焱”问：一个月零七天的玉米苗还能移栽吗？

北京市农林科学院玉米研究所 副研究员 尉德铭答：

从图片看，一个月零七天的玉米苗没有形成小老苗是可以移栽的，移栽后最好及时浇两遍水，但不要让上面的叶片贴到地面上。如此操作后，移栽的玉米是完全可以正常生长、结穗的。

10 北京市大兴区网友“我”问：玉米有几棵叶子边缘发黄是怎么回事？

北京市农林科学院玉米研究所 副研究员 尉德铭答：

从图片看，玉米是感染了矮花叶病毒病。有两种原因：一是种子带毒，二是蚜虫传毒。矮花叶病可用 7.5% 克毒灵防治，最好是在发病初期 7 天喷 1 次药，连喷 2 次。同时要用噻虫嗪或氧化乐果兼治蚜虫（因为该病主要是靠蚜虫传播的），7 天喷1次，连喷 2 次效果最佳，防止蚜虫咬食病株后带毒传给下株玉米。

11 四川省网友“四川～kly”问：玉米里面有虫，需要打什么药？

北京市农林科学院玉米研究所 副研究员 尉德铭答：

玉米苗期食叶虫主要是玉米螟、棉铃虫、菜青虫、黏虫和斜纹夜蛾等。

防治方法如下。

①往心叶内撒施辛硫磷或毒死蜱颗粒剂。

②早晨或傍晚往玉米心叶处及叶片上喷施辛硫磷、高效氯

氰菊酯或毒死蜱 1 500 ～ 2 000 倍药液有较好的防治效果。

从图片看，这两株玉米已经感染粗缩病了，看起来都有 5 ～ 6 片展开了。如果全田都是这样，那打什么药都没用了。

12 浙江省网友“正在路上”问：玉米被咬了，是什么虫子？用什么药防治？

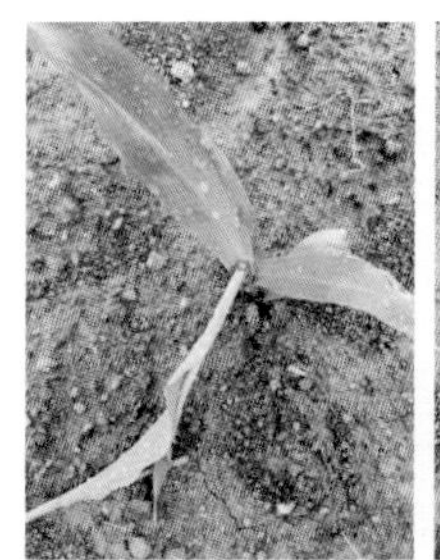

北京市农林科学院玉米研究所 副研究员 尉德铭答：

从图片看不到虫子，只是心叶被咬断，发生萎蔫，如果地里的玉米连续被咬断，应该是地老虎为害所致。可用高效氯氰菊酯或噻虫嗪早晚喷施玉米根部或灌根，会起到很好的杀虫效果。

13 江苏省网友“hhc”问：移栽的玉米，这是缓苗了吗？需要追肥吗？

北京市农林科学院玉米研究所 副研究员 尉德铭答：

从图片看，玉米苗是已经缓过来了。用不用追肥要看原来的地力基础，基础差可适当追提苗肥，但一定注意侧施深施，要远离苗 10 厘米为宜，地力基础好的情况下可以等拔节期再追肥。另外从图片上看应及时松土除草，保持土壤湿度，促进玉米生长。

河北省沧州市网友“王先生”问：玉米叶片萎蔫是怎么回事?

北京市农林科学院玉米研究所 副研究员 尉德铭答：

从第一张图上看不出什么，从第二张图上看是后期干旱造成的，雌穗以上的节间都没有拉开，叶片萎蔫也没展开。应及时浇水，否则很难形成果穗，有穗也结不了多少粒。

15 广东省网友“何女士”问：玉米生了什么虫子，怎么防治？

北京市农林科学院玉米研究所 副研究员 尉德铭答：

从图片看，玉米是被旋心虫为害的。旋心虫也叫玉米蛀虫，苗期为害生长点，6 ～ 8 叶期为害严重。基部节间缩短，植株矮化、丛生，有的心叶萎蔫。

防治方法：发病初期可喷施 80% 敌敌畏乳油 1 500 倍液防治。

16 安徽省网友“葛先生”问：玉米这么小就开花，还能长玉米吗？

北京市农林科学院玉米研究所 副研究员 尉德铭答：

从图片看，是苗期长时间干旱缺肥造成的，形成了小老苗。这种苗雌穗都长不出来了，所以长不了玉米了。

17 北京市大兴区网友“向东”问：糯玉米叶上有很多锈点，发展得很快，是什么病？

北京市农林科学院数据科学与农业经济研究所 农管家 王金娟答：

从图片看，玉米是褐斑病和小斑病引起的基部叶片干枯。

玉米褐斑病可以使用三唑酮、多菌灵以及百菌清溶液防治。或用吡唑醚菌酯（凯润）+苯甲丙环唑或者氟环唑等药剂进行防治，并隔 5 ～ 6 天进行第二次喷施。

玉米小斑病的防治方法如下。

①选种抗病品种。

②加强栽培管理，在拔节及抽雄期追施复合肥，及时中耕、排灌，促进健壮生长，提高植株抗病力。

③销毁病源。

④药剂防治，发病初期及时喷药，通常可用50%多菌灵可湿性粉剂500倍液，或用65%代森锰锌可湿性粉剂500倍液，或用70%甲基托布津（甲基硫菌灵）可湿性粉剂500倍液，或用75%百菌清可湿性粉剂800倍液，或用农抗120水剂100～120倍液喷雾。从心叶末期到抽雄期，每7天喷1次，连续喷2～3次。

18 山东省网友“执”问：玉米农科玉368很多玉米穗发红，是什么病害？

北京市农林科学院玉米研究所 副研究员 尉德铭答：

农科玉368花药颜色就是紫色的，玉米穗发红应该不是问题。

19 湖北省网友“开心”问：玉米叶被啃食得很厉害，应该用什么药？

北京市农林科学院玉米研究所 副研究员 尉德铭答：

从图片看，是黏虫为害所致，应喷施高效氯氰菊酯类药物防治，最好再咨询一下当地植保部门。

20 山东省网友“悦”问：玉米是被什么虫子为害的，怎么防治？

北京市农林科学院玉米研究所 副研究员 尉德铭答：

从图片看，是玉米螟钻入茎秆所致，但玉米已经到抽雄吐丝时期，错过最佳防治时期即拔节期和大喇叭口期。抽雄期可采用氯虫苯甲酰胺加噻虫嗪喷雾防治效果较好。

21 北京市房山区农户问：北京地区最晚什么时候种甜糯玉米？

北京市农林科学院玉米研究所 副研究员 尉德铭答：

北京地区一般 7 月 10 日之前种，甜、糯鲜食玉米都应该能成熟。

22 北京市昌平区网友“joy 北京露天”问：鲜食玉米是不是对采收时间严格要求，才能保证口感？

北京市农林科学院玉米研究所 副研究员 尉德铭答：

鲜食玉米对采摘时间不一定要严格要求，但要有一定的要求才能保证口感。

如果采收过早，因玉米籽粒尚未充实，内含物少，产量低，适口性差。如果采收过晚，糯玉米籽粒变硬，柔嫩性差；甜玉米籽粒皱缩，果皮变厚，水溶性多糖转化为淀粉，籽粒甜度降低，适口性变差。因此只有掌握好最佳采收期，才能使鲜食糯玉米香而糯、甜玉米脆而甜。

23 北京市昌平区网友“joy 北京露天”问：鲜食玉米采收时间如何把握？

北京市农林科学院玉米研究所 副研究员 尉德铭答：

一般春播糯玉米在吐丝授粉后 25 天左右采收，春播甜玉米在吐丝授粉后 22 天左右采收；秋播糯玉米在抽雄 28 天前后采收，秋播甜玉米在抽雄后 24 天前后采收。

采收适期的玉米雄穗顶端开始变枯，但枯萎部分不超过雄穗的 50%；如果雄穗尚未变色，说明还未到采摘适期。另外可根据玉米须颜色判断，未授粉的玉米须呈鲜红色，授粉后花丝颜色渐渐变深。如果花丝开始变焦，则可进行分批采收。

24 福建省网友“Shanks- 厦门”问：阳台上能种植甜糯玉米吗？

北京市农林科学院玉米研究所 副研究员 尉德铭答：

阳台种玉米很难成功。原因如下。

①盆要足够大，玉米有多高，根就会有多深。

②玉米是异花授粉。

③温湿度问题。

25 江苏省网友“hhc”问：玉米什么时候追肥？

北京市农林科学院玉米研究所 副研究员 尉德铭答：

①底肥不充足的情况下，应在 3 ～ 4 片叶期追施提苗肥。

②施过底肥或种肥的地块，在玉米播种 1 个月左右，玉米拔节期（一般 5 ～ 9 片展开叶后），或玉米全田 50% 第一茎节露出地面 1.5 ～ 2.5 厘米作为拔节期的标志，追施玉米拔节肥，促进玉米穗分化和植株生长。

③玉米长到 10 ～ 13 片展开叶，植株形成 60% 左右，上面几片叶看似大喇叭口，是穗粒形成的关键时期，应追施穗粒肥，促进穗大粒多提高产量。

以上是玉米追肥的技术要点。当然全国各地种植玉米都有自己的施肥方式和方法，有的一次性追施缓释肥，有的在拔节期到大喇叭口期一次性施肥，有的按预计产量指标测土配方施肥等，追施哪种肥料及施肥量多少应根据地力情况及预计产量指标自行决定。

26 北京市房山区余先生问：紫色玉米可以生吃吗，甜度有多少？

北京市农林科学院玉米研究所 副研究员 尉德铭答：

可以生吃的玉米都是薄皮的超甜品种，乳熟期可溶性糖含量可达 15% 以上。目前审定的紫色玉米有可以生吃的，如品甜 827 是超甜紫色品种。但不是有甜味的紫色玉米都能生吃。

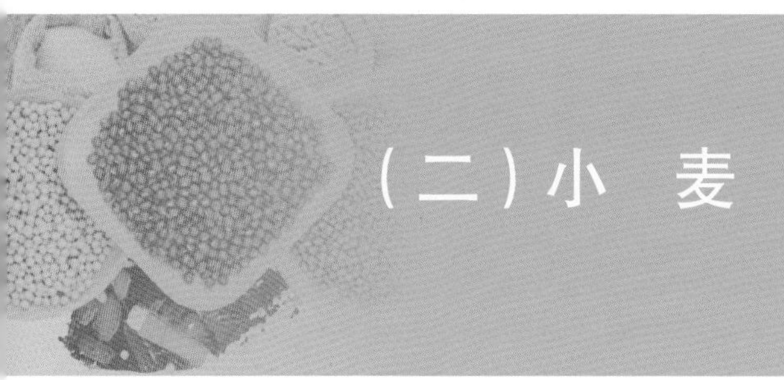

（二）小 麦

27 浙江省网友“杨，浙江衢州”问：麦粒空瘪，是怎么回事？怎么防治？

北京市农林科学院数据科学与农业经济研究所 农管家 王金娟答：

从图片看，是小麦赤霉病。预防小麦赤霉病的措施如下。

① 深耕灭茬，是减少菌源的重要途径。适时播种，避开扬花期遇雨。

② 播种时要精选种子，播种量不宜过大，可用下列杀菌剂：50% 多菌灵可湿性粉剂 100 ～ 200 克湿拌 100 千克种子；33% 多菌灵、三唑酮可湿性粉剂 200 ～ 300 克 /100 千克种子；15% 三唑酮可湿性粉剂 16 克湿拌 100 千克种子。每亩用增产苗拌固体菌剂 100 ～ 150 克或液体菌剂 50 毫升兑水喷洒种子拌匀晾干后播种；也可以选用 2% 戊唑醇（立克秀）湿拌剂 10 ～ 15 克或 12.5% 烯唑醇（禾果利）可湿性粉剂 10 ～ 15 克，兑水 700 毫升，拌种 10 千克。

③ 抓好抽穗杨花期的喷药预防。一是掌握好防治时机，二是选用优质防治药剂。

④选用优良品种，品种间抗病有差异，建议您联系当地农业科学院或农技推广部门，选用抗病好的小麦品种。

28 北京市海淀区网友“是秋天啊”问：冬小麦在国庆前种下后每周浇一次水可以吗？

北京市农林科学院杂交小麦研究所 高级农艺师 单福华答：

小麦从种到收，需要浇3～4次水，分别是越冬水、拔节水、灌浆水。如果播种时墒情不足，需要浇底墒水或者播种后3～5天内又没有有效降雨，这时需要浇蒙头水，就是4次水。

29 北京市密云区网友“林海秀”问：冬小麦种子春天播种可以吗？

北京市农林科学院杂交小麦研究所 高级农艺师 单福华答：

冬小麦种子不可以春天播种，没有冬季的低温，不抽穗。

30 北京市密云区网友“林海秀”问：秋小麦每亩地要多少斤种子？

北京市农林科学院杂交小麦研究所 高级农艺师 单福华答：

一般北京地区秋分前后播种的冬小麦，基本苗控制在每亩15万株左右，按0.5千克（1斤）种万苗计算，播种量以7.5～10.0千克/亩（15～20斤/亩）为宜。10月1日至10日播种量一般控制在10～15千克/亩（20～30斤/亩），10月10日以后，每晚播一天，增加0.25～0.50千克（0.5～1.0斤）种子，最高不过25千克/亩（50斤/亩）。还要根据地力、墒情综合考虑。

（三）其他作物

31 北京市通州区农户王先生问：花生下针下在了地膜上，会影响产量吗？

北京市农林科学院玉米研究所 副研究员 尉德铭答：

从图片看，花生下针能够正常地穿透地膜，应该不影响产量。从生产看，花生覆盖地膜是否影响产量，主要是看地膜的厚度和花生针的穿透能力。花生针能扎下去就不影响，扎不下去就会影响。一般情况下，地膜对花生的产量影响不大。

32 北京市密云区网友“沃土”问：5 月初种的花生，重茬，根、茎秆烂死了很多，如何解决？

北京市农林科学院玉米研究所 副研究员 尉德铭答：

从图片看，是花生根腐病和茎腐病，根腐病和茎腐病是比较常见的花生病害。

（1）症状

①花生根腐病。各生育期均可发病。花生播后出苗前染病，侵染刚萌发的种子，造成烂种不出苗；幼苗受害，主根变褐，植株枯萎；成株受害，主根根茎上出现凹陷长条形褐色病斑，根部腐烂易剥落，没侧根或很少，形似鼠尾，地上植株矮小，叶片黄，开花结果少，且多为秕果。

②花生茎腐病。花生生长前期和中期发病，子叶先变黑腐烂，然后侵染近地面的茎基部及地下茎，初为水浸状黄褐色病斑，后逐渐绕茎或向根茎扩展形成黑褐色病斑，地上部分叶片变浅发黄，中午打蔫，第二天又恢复，严重发病时全株萎蔫，枯死。

（2）防治措施

①实行轮作。轻病田隔年轮作，重病田3～5年轮作。与小麦、玉米等禾本科作物轮作，避免与大豆、红薯套种、间种。

②收好、管好种子。做种用的花生要及时收获，及时晒干，存放在通风、干燥处，防潮、防霉。

③播前种子处理。播种前精选无病种子，晒种，同时进行种子处理，可用种子重量0.3%～0.5%的50%多菌灵可湿性粉剂拌种，或用2.5%适乐时种衣剂按药种重量比1∶500进行包衣。

④深翻改土。花生收获后及时深翻土地，以消灭部分越冬病菌，精细整地，提高播种质量。

⑤ 抓好以肥水为中心的栽培管理。合理施肥，注意施用净肥，增施腐熟的有机肥，追施草木灰；整治排灌系统，提高防涝抗旱能力，雨后及时清沟排渍降湿；在花生生长季节，及时中耕除草，促苗早发、生长健壮，增强花生抗病能力。及时拔除田间病株，带出田外销毁。

⑥ 化学防治。花生齐苗后，加强检查，发现病株后立即防治，封锁中心病株，亩用 70% 甲基托布津可湿性粉剂 500 ～ 800 倍液或 40% 甲基立枯磷 600 倍液灌墩，间隔 10 天灌 1 次，连灌 2 次，上述药剂交替使用，效果更好。

33 北京市密云区农户问：花生重茬如何解决？

北京市农林科学院玉米研究所 副研究员 尉德铭答：

① 合理施肥。为了解决花生重茬的问题，可以选择施加农家肥、生物肥，农家肥营养是很全面的，可以改良土壤结构，促进有益微生物的繁殖，从而减少重茬现象。土壤中的有益微生物可以分解掉土壤里的有害物质，还能抑制病害的发生。农家肥要充分腐熟后再用，避免用生肥，以免有病菌侵害。

② 深翻土壤。在进入冬季土壤上冻后，要深翻土壤，在低温的环境下深翻土壤，可以消灭土壤里面部分的病菌和虫卵，减少发病的几率。尤其是对于白绢病而言，将表层土壤深翻后，表层的病菌只要入土超过 7 厘米以下，活性就会大大降低，从而能降低为害程度。

③ 补充微量元素。花生在生长期间，对于钙元素的需求较高，若缺钙或是其他微量元素的话，就需要适当补充微量元素。

在花生的花期，可以使用叶面肥喷洒，满足花生在临界期的需求，从而提高花生的结果率。

④施用抗重茬剂。可以选择使用抗重茬剂，它是一种微生物菌剂，在将其施加到土壤里面后，能够快速抑制土壤里的病原菌生长，帮助有益菌生长，从而能保护花生的生长。

34 广西壮族自治区网友“小五”问：红薯叶片是被什么虫子为害的，怎么防治？

北京市农林科学院玉米研究所 副研究员 尉德铭答：

从图片上看，红薯叶片应该是斜纹夜蛾幼虫啃食的结果。斜纹夜蛾又叫黑头虫或食叶虫。斜纹夜蛾幼虫以食叶为主，也咬食嫩茎、叶柄，大发生时，常把叶片和嫩茎吃光，造成严重损失。防治方法如下。

使用虫瘟一号斜纹夜蛾病毒杀虫剂 1 000 倍液，或用 1.8% 阿维菌素乳油 2 000 倍液，或用 10% 吡虫啉可湿性粉剂 1 500 倍液，或用 4.5% 高效氯氰菊酯乳油 1 000 倍液等进行防治。

应采取全田喷药，重点防治田间虫源中心。由于幼虫白天不出来活动，喷药宜在午后及傍晚进行。每隔 7 ～ 10 天喷施 1 次，连用 2 ～ 3 次。

35 北京市某先生问：4 月底种的红薯啥时候能收获？

北京市农林科学院玉米研究所　副研究员 尉德铭

北京地区 4 月底 5 月初种的红薯一般都是在 10 月霜降前收获。红薯栽种后 50 天左右开始形成薯块进入膨大期，8 月中旬是薯块快速膨大期。薯块膨大到一定程度时就可以收获食用，但会影响产量和口感。

36 北京市平谷区某用户问：退林还耕的山坡地有一些树根和石头，大的石头拳头大小，适合种红薯吗？

北京市农林科学院玉米研究所 副研究员 尉德铭答：

红薯种植适宜的土壤应该是土层深厚，肥沃的沙壤土，并且要旱能浇、涝能排，能够保持一定湿度的土壤才有利于红薯生长。因此，退林还耕的山坡地又有树根和石头，是不适合种红薯的。

37 福建省网友"啧啧啧"问：大豆叶片有黄斑，是什么病，怎么防治？

北京市农林科学院玉米研究所 副研究员 尉德铭答：

从图片看，是大豆花叶病毒病。引起花叶病的原因：一是种子带毒，二是大豆上有蚜虫，因为花叶病毒主要传播途径是蚜虫传播。发病初期可拔除病株，或喷施吡虫啉加高效氯氟氰菊酯等防治蚜虫。

38 吉林省网友"相濡"问：高粱穗上长黑粒，是怎么回事？

北京市农林科学院玉米研究所 副研究员 尉德铭答：

高粱穗上长黑粒是坚黑穗病。出现该病主要是因为土壤和种子带毒，但以种子带毒为主。病菌在室外能存活一年，在土壤中越冬后致病力降低。播种后，病菌从伤口、表皮及幼根侵入高粱幼苗，蔓延到高粱生长点，抽穗时病菌进入穗内，破坏子房而形成菌瘿。该病的发生与品种抗性、土壤和种子中的病菌数量、幼苗出土速度有关。防治方法如下。

①选用抗病品种。

②适时播种和提高播种质量。缩短幼芽被侵染时间，减轻病害发生。

③适当轮作。因病菌在土壤中只能存活1年，所以在病区适当轮作可有效地减轻为害程度。

④拔除病株，减少次年菌源。

⑤种子处理。用50%多菌灵可湿性粉剂350克拌种50千克，或用50%克菌丹可湿性粉剂350克拌种50千克。消灭种子上和种子周围根际土壤中的病菌。

39 北京市房山区网友“泰来”问：7月初种谷子还能不能成熟了？

北京市农林科学院玉米研究所 副研究员 尉德铭答：

北京夏播谷子一般在6月20日前后播种，最晚不超过6月25日，7月初播种有些晚了。如果是在房山的暖区，抓紧播种生育期最短的夏播谷子，也可能成熟，只是会降低产量。以后种谷子应当注意适时播种。

40 北京市大兴区某用户问：旱地糜子如何提高产量？

北京市农林科学院玉米研究所 副研究员 尉德铭答：

①优选良种。根据各地生态条件和生产水平科学选种，避

免未经试验的跨区引种。选择在春播区繁殖的种子对提高糜子复种产量有重要意义。

②施足底肥。播前一次性施足底肥，一般结合整地亩施农家肥 500 千克左右或施磷酸二铵 15 千克、硫酸钾 6 千克。有条件的地方结合降雨，拔节期亩追尿素 6 千克。

③抗旱播种。春播糜子 5 月中下旬开始播种，应适期播种；夏播糜子适宜播期在 6 月下旬至 7 月上中旬，宜早播。土壤墒情不足时，要注意边播种边镇压提墒。地表干土层偏厚，播后种子不能发芽时，采取等雨抢墒寄籽播种方法。对依靠主茎成穗的地块，亩留苗 6 万～ 8 万株为宜。

④适时收获。糜子穗基部籽粒进入蜡熟期，籽粒 70% ～ 80% 脱水变硬即可收获。人工收割应以早为宜，可减少落粒。

41 北京市密云区网友“合作”问：芝麻叶片和芝麻穗变褐是怎么回事？

北京市农林科学院玉米研究所 副研究员 尉德铭答：

从图片看，是发生了枯萎病，发生枯萎病的田块，建议在发病初期用乙蒜素、丙唑·多菌灵、噁霉灵+乙蒜素等药进行治疗。预防枯萎病，可在雨前和雨后及时用苯甲嘧菌酯、精甲嘧菌酯等药，可兼防疫病、茎点枯病。易发病地块雨后要及时排水，防止田间积水。

42 浙江省某网友问：水稻得了什么病害？是什么原因引起的？有哪些农药可以防治？

北京市农林科学院杂交小麦研究所 高级农艺师 单福华答：

从图片看，水稻像是被稻蓟马为害的，或者别的害虫。不知道当地主流害虫是什么（不是病害，没有孢子粉）。蓟马成虫和1、2龄若虫刮破稻叶表皮，吸食汁液，被害叶面先出现黄白色小斑点，后叶尖失水纵卷。严重受害时，秧苗成片枯焦，状

如火烧。为害时期：3 叶期至分蘖期，4—6 月，6 月上中旬虫量剧增，6 月下旬达全年虫量高峰。可以找当地植保部门再确认下，如果是除草剂的问题则表现为整个叶片受害。

第四部分

花卉

1 北京市网友“niuniu”问：龟背竹上生的小虫是什么？怎么治？

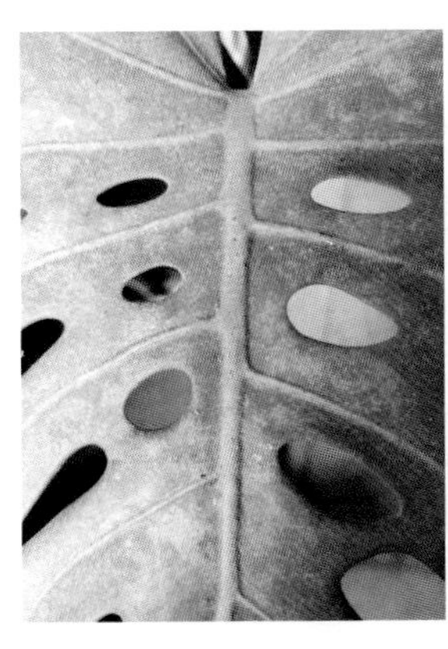

北京市农林科学院蔬菜研究所 高级工程师（教授级） 周涤答：

可以用杀螨剂喷洒枝叶，特别是叶背部位。植株生长容器偏小，土壤条件不佳。应该换土和用稍大一点的盆器，并注意加强通风。

2 北京市网友“雪莉”问：百合新叶片打卷是怎么回事？

北京市农林科学院蔬菜研究所 高级工程师（教授级） 周涤答：

从图片看，百合新叶有缺素的情况，除增施花期所需的磷、钾肥外，特别要补充铁、锌、硼等微量元素，另外要增加光照。

3 上海市网友“休思”问：蝴蝶兰花剑从小就要开始固定吗？之前一直单棵没管过，现在组盆放一起。

北京市农林科学院蔬菜研究所 高级工程师（教授级） 周涤答：

在规模化生产中，一般长到 15 ～ 20 厘米，就开始使用牵引固定工具给花剑定向，照片中的组合盆栽，可以按审美习惯给花剑进行牵引固定、支撑定向。

4 福建省网友“Shanks-厦门”问：月季是怎么回事？

北京市农林科学院蔬菜研究所 高级工程师（教授级） 周涤答：

从图片看，月季像是黑斑病，与季节有关。在夏初雨季来临时，尽可能避免长时间淋雨，特别注意要修剪过于密集的枝条以及植株底部的过多的老叶片。以预防为主，一般在秋季落叶后或者早春发芽前使用石硫合剂进行病菌孢子的消除；在雨季来临之前10天左右喷洒一次甲基托布津或者代森锌（蓝粉）进行预防。如果叶片出现少量病斑黑点，可使用氟硅唑或者苯醚甲环唑进行治疗。

5 辽宁省网友“Grace”问：月季叶片干枯是怎么回事？

北京市农林科学院蔬菜研究所 高级工程师（教授级） 周涤答：

从图片看，干枯到这个程度，估计根系受到严重损伤。比如浇灌过多、盐分积累、病害等，或多种因素叠加导致。

6 北京市某网友问：月季是被什么虫子为害的，怎么办？

北京市农林科学院蔬菜研究所 高级工程师（教授级） 周涤答：

从图片上看，是月季切叶蜂为害所致的。防治措施如下。

北方 5 月中旬成虫出现高峰期以网捕捉，减少虫源。5—6 月在植株上喷洒 2.5% 溴氰菊酯乳油 1 500 倍液，或喷洒 80% 敌敌畏乳油 1 000 倍液，或喷洒 50% 杀螟松乳油 1 000 倍液。交替使用上述药剂，防止发生抗药性。

北京市朝阳区网友“Yang”问：月季叶片黄了，是怎么回事?

北京市农林科学院蔬菜研究所 高级工程师（教授级） 周涤答：

从图片看，是缺肥造成的。应及时翻耕土壤，施有机肥或通用复合肥。注意肥料应埋入距离根部 20 厘米以上的位置，避免烧根。施肥后用土壤覆盖，并及时浇灌。

加强修剪，应在上年进行冬剪，去掉细弱枝，主枝按需要可做适当修剪，减少不必要的养分消耗。图片判断植株未做冬剪，因此细弱枝杂乱，加上缺肥导致叶片小，密生，杂乱，黄叶多。施肥后应同时进行修剪。

8 北京市昌平区网友“wang”问：北京7月果汁阳台月季和茉莉花可以放在室外吗？

北京市农林科学院蔬菜研究所 高级工程师（教授级） 周涤答：

7月花可以放室外，但要注意下雨后不要积水。一旦下雨，盆栽的花要及时倾倒花盆里积水。同时夏季高温天气蒸发量大，土壤不能缺水，否则易发生干旱或病害。可以在早晚进行补水。此外，中午时间不宜暴晒，应适当遮阴或移至不直晒的地方。

9 北京市昌平区网友“莫口”问：元宝树叶子发灰干枯、发脆，手一捏就碎掉了，为啥会出现这种情况呢？

北京市农林科学院蔬菜研究所 高级工程师（教授级） 周涤答：

从图片和用户反映的情况看，元宝树植株枝叶明显失去活力，再不精细管理有可能完全死亡。可以截一段主侧枝和主干，看看截面是否已经干枯，如果干枯，表示该部分枝叶已经死去，可以把枯枝剪掉。

再观察一下根系的情况，如果根部明显腐烂，表示植株即将死亡，已经没有救治的必要。如果根的状况较好，再仔细观察核对一下枝条是否有成活的。如果还有枝条成活，需要进行细致管理，即把枯枝修剪后，将花盆移入屋内，避免阳光直射，每日少量浇水，保持盆土湿润，不要浇灌过多，让植株慢慢恢复。

10 北京市海淀区网友“道生 -9314”问：绣球叶片发红、发黄，有褐色斑是怎么回事？

北京市农林科学院蔬菜研究所 高级工程师（教授级） 周涤答：

绣球叶片发红与昼夜温差变化大，特别是与入秋后夜温降低有关；发黄是缺肥的表现；褐色斑是真菌引起叶斑病所致。这个季节应进行秋剪，然后喷洒杀菌剂，同时清理周围环境，减少病原。

11 北京市海淀区网友“你的样子”问：凤仙花上有白色粉状物，是怎么回事？

北京市农林科学院数据科学与农业经济研究所 农管家 王金娟答：

凤仙花是得了白粉病。病太重的叶片可摘除，然后，可在晴天上午用药剂防治，可用药剂有乙嘧酚、吡唑醚菌酯（凯润）、氟硅唑、硝苯菌酯等。5 ～ 7 天后，再打 1 次，共需 3 ～ 4 次。另外，尽量轮换用药，以防病菌抗药性的产生。

12 上海市袁女士问：雏菊叶片疯长怎么办?

北京市农林科学院蔬菜研究所 高级工程师（教授级） 周涤答：

雏菊可以适当修剪，加强光照。修剪时去掉向内伸展的枝叶、细弱和较长的枝条；修剪后逐渐降低浇灌量和频次，促进根系生长掌握见干见湿的原则；施肥要减少氮肥，增加磷钾肥。通过以上措施控制营养生长，促进生殖生长。

13 北京市某网友问：幸福树叶子为什么都干了？

北京市农林科学院蔬菜研究所 高级工程师（教授级） 周涤答：

目测容器与植株规格相比过小，土壤量小造成持肥保水的缓冲能力弱，导致因浇灌不及时造成干旱缺水的情况经常发生。长期不利因素的积累，根系严重损伤失去吸收功能。目前看到很多枝条干枯已经没有活力了。

14 北京市西城区柴先生问：栀子花叶片萎蔫，是怎么回事？

北京市农林科学院蔬菜研究所 高级工程师（教授级） 周涤答：

栀子花喜温暖、半阴、湿润和通风良好的环境，土壤要微酸性富含有机质排水良好的砂质土壤。

叶子出现萎蔫、变黄的情况通常是由于根系受到生理性损伤造成的。比如土壤中性或偏碱性，受冻、环境干燥、过度缺水或土壤黏重排水不畅导致根系损伤等。

15 浙江省网友“丁 yan”问：洋甘菊和太阳花直接撒籽可以吗？

北京市农林科学院蔬菜研究所 高级工程师（教授级） 周涤答：

洋甘菊和太阳花可以直接撒籽，需要注意一下覆土的厚度和颗粒度，通常种子越小，覆土越薄，土壤颗粒度越小。

16 北京市西城区樊女士问：如何养护桂花？

北京市农林科学院蔬菜研究所 高级工程师（教授级） 周涤答：

桂花喜温暖日照充足的环境和肥沃、排水良好的微酸性土壤。盆栽桂花需要每年春季萌芽前换土，同时进行疏根，修剪过密和衰老的须根。4—9 月放在通风向阳的地方养护。浇灌掌握见干见湿的原则，忌积水。桂花喜肥，生长季节每 7 ～ 10 天施一次稀薄液肥，开花前后施磷钾肥满足开花的营养需要。北方晚秋应移入 0℃以上的冷室越冬。

17 广东省网友“好运连连”问：虎头茉莉太多花瓣打不开怎么办？

北京市农林科学院蔬菜研究所 高级工程师（教授级） 周涤答：

主要受以下几个因素影响。

① 光照不足。茉莉喜阳，需要充足的光照才能开花。

② 缺肥。孕蕾前要增施磷钾肥，开花期间要不间断施肥，保证花期对养分的需求。

③浇水不当。开花期间正值夏季，蒸发量大，不能缺水；另一方面土壤不能积水或黏滞长时间过湿，导致根系缺氧造成损伤影响其吸收功能。

18 北京市西城区柴先生问：如何养护芦荟?

北京市农林科学院蔬菜研究所 高级工程师（教授级） 周涤答：

芦荟喜光，耐旱，耐高温；忌涝，怕寒冷。

家庭盆栽芦荟，容器尺寸与植株大小相当，不宜过大；土壤需要富含有机质和排水良好的砂质土壤；放在光照充足，通风良好的地方；浇灌掌握宁干勿湿的原则，雨季花盆不要积水；浇灌后托盘里沥出的水要及时倒掉；环境温度不要低于10℃，避免冷害发生。

第五部分

土肥

1 黑龙江省网友“天天开心”问：买的发酵羊粪颗粒打开时一股刺鼻味道，长白毛了还能用吗？

北京市农林科学院植物营养与资源环境研究所 研究员 张有山答：

应该向厂家反映，发酵好的羊粪没有那么大的刺鼻味道，有刺鼻味道说明发酵得不彻底，长的白毛是霉菌，也说明没发酵好，不建议使用。

2 湖北省某用户问：向日葵想要追氮肥，如果是打孔，太费劲，有无水溶性肥料或者叶面肥进行喷洒，从而达到追氮肥的目的？

北京市农林科学院植物营养与资源环境研究所 研究员 张有山答：

追氮肥最好品种是尿素，含氮量高又是水溶的，可以喷肥，如果是少量补充氮肥可以通过根外喷施解决，但为了大量补充氮肥就需要直接追施尿素，追施尿素可以穴施也可以条施，如果墒情不好在施肥后要及时浇水覆土。因尿素施到地里后需要3天左右时间转化后才能发挥作用，故要在需肥前3天左右施到地里以保证及时提供营养。在施尿素时不要离根太近，避免烧根。

3 北京市海淀区网友“林”问：枣树增甜用哪种肥？

北京市农林科学院林业果树研究所 研究员 鲁韧强答：

① 磷肥。枣树对磷肥的需求较大，可以选择磷酸二铵、过磷酸钙等磷肥进行施用。磷肥可以促进枣树的花芽分化和果实发育，有助于提高果实的糖分含量。

② 钾肥。适量施用钾肥，如硫酸钾等，可以促进果实中糖分的转运和积累，增加果实的甜度。

③ 钙肥。可减少裂果和增加果实甜度。

④ 叶面肥。果实进入膨大期，除土施上述肥料，还需叶面喷施0.3%磷酸二氢钾+0.2%硝酸钙水溶液，更有利于养分快速吸收，增加枣果甜度。

北京市丰台区王先生问：水溶肥放久了，过了保质期还能用吗？

北京市农林科学院植物营养与资源环境研究所 研究员 张有山答：

水溶肥过期是否还能用建议考虑下述几点。

①水溶肥的保存要求是需要放在阴凉干燥、太阳不能直射的地方保存，否则会加速肥料氧化，影响肥效。

②看肥料的配方，如果肥料是易挥发的类型，过期时间长肥效就会大大降低。

③看产品说明，如果保质期长那过期时间不长还是可以用的，反之，保质期短（如十几天），那过期时间长了就不能用了。

④肥料保质期过了再用主要是影响肥效，对作物影响不大。

如果过期时间长了的肥料多，建议可以做个试验，一个是正常兑水比例，一个是加大肥料用量提高浓度，分别用在作物上看其效果后再做下一步决定，这样比较稳妥。兑水时浓度也不要太高，比如比正常多加 50% 的水，防止因浓度高影响作物。

天津市网友“红果果－盐碱改良海水稻”问：土壤 pH 值 7 ～ 8 的情况下，可以用石灰氮消毒杀根结线虫吗？

北京市农林科学院植物营养与资源研究所 研究员 张有山答：

这种情况，土壤 pH 值为 7 ～ 8，虽然稍高，但可以用石灰氮杀根结线虫。为了取得好的效果提倡使用石灰氮和闷棚结合的方式，即所谓化学闷棚。当前正是闷棚的好时候（6 月下旬至 8 月初），具体操作如下。

在大棚内先施好有机肥，再每亩施入 40 ～ 50 千克石灰氮撒在有机肥上，然后进行耕翻、作畦灌水，之后覆盖透明薄膜，密闭大棚，闷棚 20 天左右即可。随后把膜揭掉通风，为防止土体中毒气散发不净，最好再将土体翻耕一次以防烧根。因为石

灰氮中含氮，故之后补氮量要少些以防作物疯长。操作时因过程中会施放毒气，要做好个人防护。

6 山东省网友“泓焱”问：用鸡粪撒上碳酸氢钠化肥捂几天能杀死根结线虫吗?

北京市农林科学院植物营养与资源环境研究所 研究员 张有山答：

这种做法起不到杀线虫的作用。鸡粪如果没有发酵完全，反而更容易隐藏着线虫。虽然用碳酸氢钠可以起到部分改变土壤酸碱性的作用，但需要和土壤混合后，才有助于消杀线虫，而且碳酸氢钠灭杀线虫的作用有限，不能彻底杀死线虫。如果想要通过土壤消毒灭杀线虫，应该用杀线虫剂农药与粪肥、土壤充分混合，再加上高温闷棚措施效果更好。

7 四川省某网友问：堆肥堆出蛆了是什么原因?

北京市农林科学院植物营养与资源环境研究所 研究员 张有山答：

堆肥中出现蛆是因为发酵得不好，发酵好的堆肥温度可达65 ℃之上，一些菌和害虫就被烧死了。

8 北京市海淀区王先生问：咖啡渣是否可以作为肥料养花?

北京市农林科学院蔬菜研究所 高级工程师（教授级） 周涤答：

咖啡渣富含粗纤维，还含有氮、钾元素和少量的磷及铁、锰、锌元素，是可以利用的土壤改良材料和植物生长所需要的养分来源。

咖啡渣要经过发酵才能作为肥料使用。咖啡渣也可以与土壤混合用作堆肥材料，腐熟发酵之后使用。

日常获得的咖啡渣装入密封的塑料袋或密闭的容器中，利用光照和发酵产生的高温，3 ～ 5 天后就可以使用。

因为咖啡渣具有微酸性，添加发酵的咖啡渣的土壤适合栽种杜鹃、茉莉、百合、绣球、米兰、栀子等喜酸性土壤的花卉。

第六部分

食用菌

1 河南省薛先生问：香菇菌棒是怎么回事？

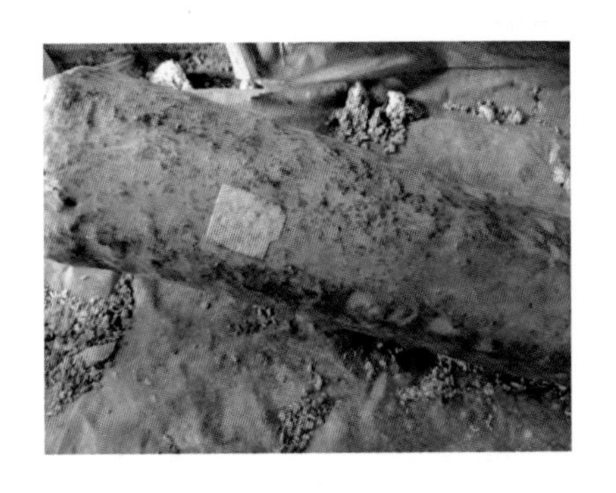

北京市农林科学院植物保护研究所 研究员 陈文良答：

从图片看，香菇菌棒是被木霉菌和毛霉菌污染了。建议把被杂菌污染严重的香菇菌棒移出大棚烧掉，消灭侵染源，避免杂菌侵染其他菌袋。加强大棚通风换气，降低菇房温度和相对湿度，大棚温度保持在22℃左右，勿高于25℃，空气相对湿度保持在70%以下。用必洁仕二氧化氯消毒剂3 000倍稀释液对大棚进行消毒，一周喷雾2次，防止杂菌侵染新的菌棒。

2 河南省王先生问：香菇菌棒接种后，可以放入带有污染的正在出菇菌棒的大棚内吗？

北京市农林科学院植物保护研究所 研究员 陈文良答：

香菇菌棒接种后，不能放入带有污染的正在出菇菌棒的大棚内。因为处于发菌阶段的香菇菌棒和出菇菌棒要求的环境条件不同，因而管理的措施和方法也就不同，新接种的香菇菌棒和已经出菇的菌棒不能放入同一个大棚内管理；另一个原因，

新接种的香菇菌棒和已经出菇的带污染的菌棒放在一个棚内，也容易造成新接种的香菇菌棒的污染，不利于提高菌棒的成品率。因此，香菇菌棒接种后，应该放入没有旧菌袋存放、经过消毒剂消毒的洁净大棚内培养发菌。

3 **河南省王先生问：香菇菌棒接种初期，大棚空气相对湿度 80% 以上合适吗？菌棒中后期培养期间，温度和湿度应该如何掌握？**

北京市农林科学院植物保护研究所 研究员 陈文良答：

香菇菌棒接种初期（接种 4 天内），大棚空气相对湿度 80% 以上是偏高的，容易造成菌棒污染。这个时期，正是菌种萌发定植吃料期，温度应该保持在 25 ～ 27℃，相对湿度控制在 70% 左右是合适的。

在菌棒培养中后期（菌丝生长期→菌丝生长成熟期→菌棒转色期），大棚温度应该由高至低转换，保持在 20 ～ 25℃；空气相对湿度继续保持在 70% 左右是合适的。

如果温度偏高，空气相对湿度偏大，就应该加强大棚通风换气管理措施，使之调整到合适的温湿度为止。

河南省某农户问：香菇菌袋发菌 1 个月后污染菌袋增多，是接种前接种棚消毒不彻底所致，还是培养后期杂菌侵染菌袋所造成的？

北京市农林科学院植物保护研究所 研究员 陈文良答：

根据描述的情况，先接种的菌袋污染很少，前期调查污染也很轻；菌袋发菌一个月之后调查，污染菌袋增多，越往后调查的菌袋污染率越高的情况，是接种前接种棚消毒彻底（二氧化氯消毒剂熏蒸用药量：1 克 / 立方米），而后期培养期间杂菌侵染菌袋造成的。

后期培养期间杂菌侵染菌袋的途径和机会很多，如大棚内杂菌通过接种穴侵染，通过微孔侵染，或者菌袋热力消毒不彻底，料内原有杂菌没有杀灭，在倒袋不及时、通风换气条件差、培养期间有利于杂菌生长的环境条件下，杂菌又滋生蔓延了。这些因素都是造成菌袋培养后期污染率暴增的原因，而与接种前接种棚消毒状况没有直接联系。

5 河南省王先生：河南省西峡县香菇菌袋越夏怎样进行管理？需要注意什么？

北京市农林科学院植物保护研究所 研究员 陈文良答：

河南省西峡县等地香菇采取春栽模式，年初 1—2 月接种菌袋，3—5 月培养发菌与转色。菌袋转色后有个越夏的过程（6—9 月），在当年秋季至翌年春季进入出菇管理阶段。如何保证香菇菌袋当年安全越夏，是个十分重要问题，建议注意下列管理技术要点。

① 香菇菌袋正常转色是安全越夏的关键。在夏季高温来临之前，要求菌袋能够顺利发菌和全部正常转色。菌袋正常转色后，就能够对杂菌有抵抗力，减少污染，为菌袋安全越夏打下良好基础。

② 大棚最好建在树林下面，避免阳光直射；棚顶和向阳面

要增厚覆盖物，黑暗培养，降低温度，有利于菌袋安全越夏。

③ 菌袋散放，或者三角形堆放 4 ～ 8 层，避免堆放层次过高，堆间保持 1 米间距，或将菌袋摆放在架子上越夏，这样有利于通风降温。

④ 加强通风换气，把大棚四周塑料布掀起来，保持空气通透状态，使温度降低至 25℃以下，最好保持在 20 ～ 23℃。不要向大棚内和菌袋上喷水，相对湿度保持在 60% ～ 70%，空气不宜过于潮湿。

⑤ 有条件的，选择低温场地越夏，如山洞、防空洞、地下室等低温处存放越夏。

6 河南省某先生问：羊肚菌菌床是什么杂菌污染的，如何防治？

北京市农林科学院植物保护研究所 研究员 陈文良答：

从图片看，羊肚菌菌床是被异形葡枝霉菌污染，进一步发展会侵染羊肚菌子实体，发生蛛网病。

目前可用防治办法包括：大棚要加强通风换气管理，温度不宜太高，保持在 20 ～ 22℃比较合适；菌床切勿浇水，降低棚内空气相对湿度至 70% 以下，创造不利于杂菌继续蔓延的环境条件；棚内用必洁仕二氧化氯消毒剂 3 000 倍液喷雾防治，每周喷雾 2 次，杂菌污染严重处（病灶），可每隔 2 天喷雾防治 1 次。

7 吉林省刘先生问：黑木耳菌袋为什么流黄水，如何防治？

北京市农林科学院植物保护研究所 研究员 陈文良答：

从图片看，有的黑木耳菌袋流黄水，是菌袋被木霉菌、毛霉菌等杂菌污染，造成黑木耳菌丝体死亡，培养料腐烂而流出

的黄水。建议从制作菌袋和培养过程中进行具体分析，找出造成菌袋污染的原因，降低菌袋污染率，从技术上预防菌袋污染，进而减少菌袋流黄水现象的发生。

应及时淘汰流黄水和污染严重的菌袋，消灭杂菌侵染源；大棚使用必洁仕二氧化氯消毒剂 3 000 倍液喷雾防治杂菌，每周喷雾 2 次，消灭空气中和菌袋表面上的杂菌，避免侵染好的菌袋。

8 广东省网友“陈先生”问：食用菌菌袋为什么不发菌？

北京市农林科学院植物保护研究所 研究员 陈文良答：

从图片看，食用菌菌丝确实没有发菌吃料。造成这种状况的原因，可能菌种不纯正，生活力不强；或者培养料配方不适宜，菌丝体不吃料；或者培养料杂菌污染，不利于食用菌菌丝生长定植。从图片上看，菌袋已经被木霉菌污染。您可以根据实际情况找出确切原因，以采取措施。

9 山东省李先生问：污染的菌袋如何再利用？

北京市农林科学院植物保护研究所 研究员 陈文良答：

感染较轻的菌袋，铲除污染部分，其余没有污染的部分经过粉碎和高温堆积发酵，确保彻底消灭杂菌后，可以用来种植平菇、鸡腿菇和草菇等。

感染严重的菌袋，不建议和新料混合经过灭菌再利用种菇，因为这样做灭菌不彻底，往往会造成新栽培菌袋大面积感染。严重污染的菌袋可以经过高温堆积发酵处理过程，消灭杂菌，制成有机肥料，用于种植农作物、树木和花卉等。

此外，污染的菌袋也可以用来养蚯蚓肥田，或者投入发酵池制作沼气。

10 山东省李先生问：污染的银耳菌袋，能够和新料混合经过灭菌再利用吗？

北京市农林科学院植物保护研究所 研究员 陈文良答：

污染的菌袋，尤其是污染严重的菌袋，不能再和新料混合经过灭菌再用来种菇。因为这样做很难彻底灭菌，往往会把杂菌带入新菌袋内，造成新菌袋大面积再次感染，得不偿失。

11 河北省石家庄市张女士问：平菇栽培料用什么配方比较好？

北京市农林科学院植物保护研究所 研究员 陈文良答：

平菇栽培种培养好之前，应该根据配方提前准备栽培原料。

平菇常用的较好栽培配方如下。

①棉籽壳98%、石膏1%、石灰粉1%，含水量60%左右。

②玉米芯50%、豆秸42%、麦麸5%、石膏1%、石灰粉2%，含水量60%左右。

③废棉98%、石膏1%、石灰粉1%，含水量60%左右。

各配方所用石灰粉要在水中溶解后拌入料内，控制料水之比为1∶1.2至1∶1.3，使最终含水量达到标准。拌料后，用手紧握培养料，以手心湿润而不滴水为度。在有条件的情况下，尽量使用拌料装袋机进行拌料、装袋。这样拌料和装袋既均匀，可提高工作质量，又节省劳动力。

可以根据当地的原料情况，选择其中一种配方应用。

12 辽宁省孙先生问：蛹虫草培养期间需要光照吗？

北京市农林科学院植物保护研究所 研究员 陈文良答：

蛹虫草生长分为菌丝体阶段和子实体阶段，两个阶段要求的条件并非完全一致。

菌丝体生长不需要光照条件，接种后的20天左右发菌期内，要在遮光的黑暗条件下培养。

子实体阶段光照强度需要均匀分布，均匀的光照条件有利于菌丝整齐转变成橘黄色和刺激蛹虫草原基均匀分化。子实体生长出来后，需要散射光条件（100～200勒克斯），每天光照时间不能少于10小时，白天可以利用自然的散射光，夜间可开日光灯照射，以满足蛹虫草对光照的需求。

13 辽宁省孙先生问：蛹虫草培养车间如何进行杂菌防治？

北京市农林科学院植物保护研究所 研究员 陈文良答：

温度控制在 20 ～ 23℃，不宜过高。加强通风换气管理，空气相对湿度保持在 65% 左右，相对湿度不宜过大。培养容器始终覆盖薄膜，避免杂菌侵染。培养期间使用必洁仕二氧化氯消毒剂 3 000 倍液喷雾，1 周喷雾 2 次，消杀培养车间地面和空气中的杂菌，降低蛹虫草培养基及子实体被侵染的风险。

14 山东省网友“x-rong”问：金针菇培养室用什么方法消毒？

北京市农林科学院植物保护研究所 研究员 陈文良答：

金针菇培养室在摆放菌瓶或菌袋之前，使用紫外线灯消毒半小时，然后使用必洁仕二氧化氯消毒剂熏蒸的方法再消毒 1 次，用药量为 0.25 克 / 立方米，基本能够达到杀灭杂菌的作用。

如果已经在培养室摆放菌瓶或菌袋了，就不能采用紫外线灯消毒，也不要用熏蒸的方法消毒，因为这样做，对正在培养的金针菇菌丝体生长会造成不良的影响。而采取喷雾的方法是可行的。常用的喷雾方法是应用必洁仕二氧化氯消毒剂 3 000 倍液喷雾，1 周喷雾 1 ～ 2 次，能起到良好的杀灭杂菌、减少污染的作用。

15 贵州省网友“白先生”问：白参菌菇房链孢霉菌发生严重，怎么防治比较好？

北京市农林科学院植物保护研究所 研究员 陈文良答：

菇房链孢霉菌发生比较严重时，使用必洁仕二氧化氯消毒剂防治，用药量为 A 剂药片 1 克 / 立方米熏蒸消毒（A 剂药片 1 克兑 B 剂药水 5 毫升，在塑料容器内混配使用，先放 A 剂药片，后放 B 剂药水），能够基本杀灭菇房内链孢霉等多种杂菌。熏蒸消毒后，第二天接着再使用必洁仕二氧化氯消毒剂 3 000 倍液喷雾消毒 1 次，喷雾均匀周到，防治效果会更好。

在有食用菌菌丝体和子实体生长的菇房，不适宜使用熏蒸方法，避免消毒剂熏蒸对食用菌生长造成不良影响，而应该采取喷雾的方法防治，喷雾使用的消毒剂计量同上。

16 河北省石家庄市张女士问：平菇 1 级种试管培养基配方是什么？

北京市农林科学院植物保护研究所 研究员 陈文良答：

平菇 1 级种常用培养基配方如下。

① 普通培养基配方：马铃薯 200 克、葡萄糖 20 克、琼脂 20 克、水 1 000 毫升。

② 综合培养基配方：马铃薯 200 克、葡萄糖 20 克、蛋白胨 5 克、磷酸二氢钾 3 克、硫酸镁 2 克、维生素 B_1 10 毫克、琼脂 20 克、水 1 000 毫升。

两种 1 级种培养基配方比较，通常情况下，第二种培养基配方比第一种培养基效果要好，菌丝体活力更强。

以上 1 级种常用培养基配方不仅适用于平菇，还适用于大多数食用菌品种。

17 安徽省网友“zp”问：组培器内是什么杂菌污染的？如何防治？

北京市农林科学院植物保护研究所 研究员 陈文良答：

组培器皿内是被毛霉菌和黑根霉菌污染，在高温高湿环境条件、消毒不彻底情况下，容易出现这种污染情况。

为了防控污染，组培培养基热力消毒要彻底。组培苗放入器具前，需要进行彻底的表面消毒。组培培养车间需要用必洁仕二氧化氯消毒剂 3 000 倍液喷雾消毒，每周喷雾 1 ～ 2 次，消杀空气中的杂菌，避免侵入器皿内。培养器皿要盖好皿盖或薄膜。做好以上几点，就能大大降低污染率。

第七部分
畜牧

（一）家　畜

1 北京市门头沟区某用户问：养的奶牛，生了一头犊牛，什么时候断奶合适？

北京市农林科学院畜牧兽医研究所 研究员 初芹答：

当犊牛的瘤胃充分发育到可以消化固体饲料时就可以断奶了，绝大多数犊牛可以在 5 ～ 8 周、体重大约 50 千克时断奶，这时候犊牛可以每天采食 1.0 ～ 1.5 千克开食料。

（二）家 禽

2 北京市海淀区网友“阳台种菜”问：5 个月的小鸡走路有点瘸，关节肿了是怎么回事？

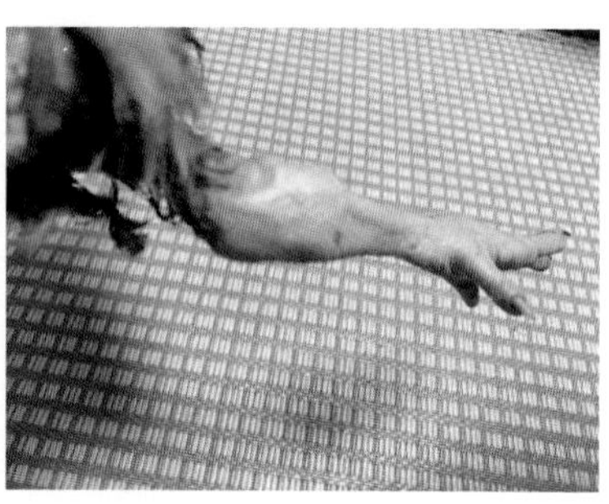

北京市农林科学院畜牧兽医研究所 兽医技术员 赵际成答：

从图片看，症状有点像支原体感染，主要是关节炎症状。可按支原体感染治疗看看效果。可以用新牧白加黑，也可以用兽用左氧氟沙星粉剂拌料饲喂。如果是滑液囊支原体感染，应该有效。

3 四川省网友“四川～kly”问：鸡咳嗽、伸脖子、呼吸困难，吃什么药？

北京市农林科学院畜牧兽医研究所 兽医技术员 赵际成答：

咳嗽、伸脖子是呼吸道有分泌物的症状，但是在家禽当中这种症状多见于呼吸道的传染病，比如肾传支。如果是这一类病因，药物是不管用的，必须是提前免疫接种。也有因为环境原因造成的呼吸道疾病，比如封闭饲养舍粉尘等污染物超标或环境消毒不严格。如果是这种原因，可以尝试在饲料中，按治疗量添加多西环素粉剂，饲喂 1 周。为了提高免疫力，可以考虑同时使用 VC 粉剂拌料饲喂，如果 1 周内没见到效果，应考虑是传染病的可能，只有在排除病毒性传染病的情况下，才能考虑换药的问题。另外，在治疗的同时要加强通风换气和常规消毒。

河北省某用户问：鸡场粪污如何处理？

北京市农林科学院畜牧兽医研究所 研究员 初芹答：

鸡粪中营养物质丰富，是很理想的饲料和有机肥的原料，可以通过发酵处理，转化为有机肥。

鸡场污水建议建立专门的污水池，经过沉淀过滤后再排放。

5 北京市昌平区某用户问：鸡舍产生的臭气如何去除？

北京市农林科学院畜牧兽医研究所 研究员 初芹答：

① 垫料除臭。地面铺 20 ～ 30 厘米厚垫料，喷洒益生菌，可抑制粪便中的氨气产生和散发，降低鸡舍空气中氨气含量，减少氨气臭味。

② 吸附除臭。活性炭、煤渣、生石灰等具有很强的吸附作用，把这些具有吸附作用的物质装入网袋悬挂在鸡舍内，或撒在地面上，可吸收空气中的臭气，清除空气中的有害气体。

③ 饲料改善。在饲料中适量添加益生素或复合酶制剂，可提高饲料蛋白质的消化利用率，减少蛋白质向氨及胺的转化，使粪便中氮的排泄量大大减少。

6 北京市某用户问：想用发酵床养鸭，鸭床的制作有什么注意事项？

北京市农林科学院畜牧兽医研究所 研究员 初芹答：

主要注意的问题如下。

① 菌种的选择与稀释。选择有效的菌种。发酵床发酵菌剂每千克 10 平方米，按 1∶5 比例与米糠、玉米粉或麸皮不加水混匀稀释，目的是增加泼撒量，均匀撒入垫料。

② 垫料的准备。垫料选择锯末、稻壳等，或者可以部分用秸秆、花生壳代替。垫料以 40 厘米厚为宜。必须无毒、无害、去杂、晒干后再用。

③ 发酵床的发酵。可以采用边铺边撒，也可先混匀发酵后再铺。发酵床的湿度要适宜，手抓起垫料用力握成团，伸开手后又自然分散开。

④ 日常维护。日常注意勤翻动，防止结块、过湿或者过于干燥。

第八部分

水产

1 北京市海淀区杨先生问：锦鲤鱼池上每天都有很严重的泡沫，怎么处理?

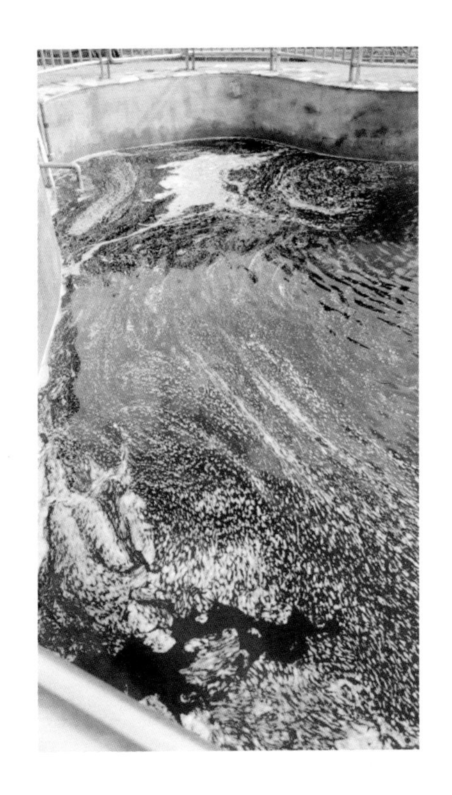

北京市农林科学院水产科学研究所 副研究员 徐绍刚答：

一般情况下水体里面泡沫多是由于水体里的有机质过多，也就是我们常说的水体太肥造成的，也有少数情况下水体里溶氧饱和度高也会有泡沫。图片中这种情况应该是水体太肥造成的。解决方法如下。

① 少放些鱼，降低密度。

② 泼一些硝化细菌、光合细菌等也有缓解作用。

③换一些水，降低水里面的有机质浓度，也可以缓解一些。

2 北京市昌平区某用户问：大口黑鲈结节病可以根治吗？

北京市农林科学院水产科学研究所 副研究员 徐绍刚答：

加州鲈的结节病有报道是由诺卡氏菌引起的，也有报道是嗜水气单胞菌、哈维氏弧菌引起的，目前真正的病原菌还未确定。具体表现在有的鱼体表多处烂身，有的鱼内脏组织也有大量白色结节存在。如果仅在体表腐烂，还可以治，但如发现内脏有腐烂，就不好治了。

多渠道专家服务方式

“京科惠农”平台汇聚首都农业专业科技人才及信息资源，提供便捷、多渠道专家服务。

“农爱问”微信小程序

京科惠农北京农技服务

京科惠农今日头条

北京科特派服务数字人

农科小智智能问答

京科惠农喜马拉雅

京科惠农抖音号

农业生活抖音号